感性獲利

逆轉缺工困境
服務大師的機智領導學

吳伯良、陳進東——合著
文字——韓嵩齡

目次

推薦序

台灣服務業國際化的推手 Austin——雄獅旅遊集團 董事長 **王文傑** 006
台灣服務業向前行——老爺酒店集團 執行長 **沈方正** 012
用心，讓熟悉變成唯一：在科技重鎮中老爺以心款待——前新竹科學園區管理局 局長 **王永壯** 014
好服務來自好管理——大店長 創辦人 **尤子彥** 016
款待的本質是溫度——飛花落院 創辦人 **魏幸怡** 019
共事不如有共識——林聰明沙鍋魚頭 執行長 **林佳慧** 020
超越 SOP 的溫度服務——協憶有限公司 品牌總監 **吳敏鍾** 020

序章

人力通膨時代的新解方——**吳伯良** 022

第1章
持續獲利26年的團隊秘訣
以軟實力打造最強護城河

① 默默征服竹科人，飯店業的低調模範生 030
② 硬體不足，以軟體超越極限 037

目次

第2章 團隊賦能：從穩定走向卓越的24堂課

推薦序

台灣服務業國際化的推手 Austin

雄獅旅遊集團 董事長 王文傑

「人」是服務業長期競爭力最核心的關鍵成功要素。Austin 是詮釋這句話，並能透過組織作為將這句話的內容發揮到淋漓盡致的最佳人選。

曾擔任「台灣美國運通旅遊暨生活休閒服務部」副總裁，Austin 在一九九八年打造台灣白金秘書服務，二〇一〇年成立黑卡（Centurion）顧問團隊，並於二〇一四年為美國運通建立中國大陸首支黑卡服務團隊。他以尊重員工、授權信任的美式管理文化，結合台灣靈活創新的服務模式，將人才的定位從成本轉為資產，將服務團隊從成本中心轉化為獲利中心，有效地將「服務」打造成企業獲利的賣點，實為台灣服務業的典範。正因為在台灣及中國大陸的優秀表現，獲得美國運通總部的青睞，於二〇一八年被派往日本，管理人數五倍於台灣的日本美國運通的黑卡與白金卡團隊。

日本在全球服務業的領域有其獨特的人文基底及文化魅力，以「Omotenashi款待精神」而著稱。Austin 以台籍主管身份被派往「服務文化」強勢的國家，同時日本又以其特有的「組織管理文化」而獨立於世界各國類型之外，外來的主管要管理日本人的組織其困難度可想而知，此舉堪稱是台灣服務業人才外派日本擔任日本人主管的空前之舉。但 Austin 以卓越的能力得到日本美國運通董事會及日本同事的認同，從一年的短暫派任到延任五年，直至二〇二三年方於任內退休，這種優異的表現使我認定他是推動台灣服務業國際化的最佳人才。

Austin 為了將其在服務業累積的心法能夠有效地傳遞，特別撰寫了《服務革命》一書，並已經於二〇二三年七月發行。

即將出版的《感性獲利》一書，是Austin談服務業策略與管理的第二本書，這本書在撰寫的階段正是ＡＩ人工智慧浪潮襲全球的時候，不論是政府、各類型的產業、社會、人際關係等無不受到人工智慧科技運用的衝擊。我在本序文開言處就論及「人」永遠是服務業的核心這句話，似乎也面臨了挑戰。我們可以從《感性獲利》這本書的文案「讓人做ＡＩ做不到的事！」、「人力通膨時代的共好領導學」這兩句話就可以看出來作者深刻的體驗出有溫度的「人」依舊是「服務」與「領導」的核心。

「感性獲利」書中第二章計有二十四篇，從「我是當了主管，才學會如何當主管」到「孕育卓越團隊的隱形力量」，涵蓋了突破思維、建立穩定制度、贏得員工信任、化衝突為成長力道，以及面對Z世代的溝通之道。這些內容，不只是管理技巧，更是一種以人為本的服務哲學——讓制度有感、讓員工買單，客人才會真心買單。

個人實感有幸，能夠在本書出刊之前即閱讀原稿。我是屬於閱讀速度比較慢，喜歡在作者的文字篇章中咀嚼並體會其深層意涵，嘗試著在我日常擬定策略及推動管理中所遭遇到的問題做情境式對照。事實上我在讀《感性獲利》的同時會不斷地對照《服務革命》的篇章，我也常會停下來想想看，從而將作者的主張內化到我的思想範疇裡，這當下每每都產生對 Austin 的佩服感。

我在一九七九年台灣開放出國觀光的那一年，因緣際會的加入了旅遊業而成為一名業務兼領隊，同年度五月份，我就有機會帶領台灣的旅遊團前往歐洲旅遊，在那個資訊封閉且物質相對匱乏的年代，能夠出國是件不容易的事。而這次的歐洲行徹底打開了我的國際視野，並有幸在三十歲以前就遍遊全歐洲、美國、加拿大、澳大利亞、紐西蘭、非洲、日本及東南亞各國，對我後來經營旅遊業奠定了良好的基礎。一九八五年我加入雄獅旅行社，在那個年代旅遊業所屬的服務行業並沒有得到政府及產業界的重視，社會大眾對於「服務有價」、「服務是一種專業」的認定是空泛不足的，且服務業的規模含旅遊業在內都是偏小微型的企業。

但我在加入雄獅之後就立志要將旅遊業用「企業管理」的角度來經營，隨著台灣經濟的發展帶動消費力的增強，台灣的出境旅遊產業得到非常好的發展機會，出國旅遊人口迎來了數十年的長波段成長，奠定了台灣旅遊產業發展的契機。雄獅在一九九〇年就成立了香港公司，並分別在一九九四及一九九五年成立了加拿大及美國的公司，一九九七年到一九九八年就分別成立了澳洲、紐西蘭及歐洲公司，二〇〇〇年以後陸續又成立了日本、東南亞及中國大陸等地的公司。其目的就是能夠確保旅遊資訊的取得並且對消費者提供良好的服務，是台灣旅遊業唯一在海外發展分支機構的公司，過程中歷經了各種挫折和困難，但也學習並奠立了跨國組織的管理能力。海外各國的雄獅公司在這幾年也展開了國際人士入境台灣旅遊的營業模式，更進一步也開展了雄獅各海外公司間互為出入境的營業模式。

台灣只有兩千三百萬人，屬於淺盤式經濟體，但有目共睹的是台灣的製造業、電子業以及半導體產業的海外設廠、跨國經營的能力，已經取得了強大的國際競爭力，個別公司甚至達到執國際牛耳的地位。我們可以明確地看出台灣電子業及半導體產業國際化、全球化的程度遠遠超越了台灣服務業的跨國經營能力。這些台灣電子科技業、半導體產業在海外及國際上取得的成功的經驗就成為台灣服務業出走學習最佳對象。

作為服務業的一環，雄獅深知服務業的國際化、全球化必然受到語言、種族、文化習慣甚至宗教信仰習俗等的限制。但事在人為，企業就是永無止境的學習與發展的過程，在累積了數十年的跨國組織管理經驗後，雄獅在二〇二三年開始籌組國際化、全球化的企劃及營運團隊全力吸引人才並已粗具成果。今年春節後密集地和 Austin 三次的聊天，分享雄獅未來十年的全球發展計劃，我誠摯邀請他擔任雄獅的資深顧問，並經他慨然允諾來指導雄獅以「服務」為核心的人才培育以及國際化、全球化組織的組織打造。有 Austin 加入雄獅團隊，實為雄獅之福，增強了雄獅邁向國際化、全球化公司的能力。

台灣服務業向前行

老爺酒店集團 執行長 **沈方正**

本書的共同作者陳進東總經理在老爺集團內大伙兒尊稱東哥。心思細膩，管理到位，文能寫得一手好字好文章，武能打籃球玩鐵人三項，是我認識朋友中的奇才，照理說早該出書，無奈被巨大的飯店日常管理工作及壞朋友邀約玩耍的情況耽誤，今天才把飯店中的服務故事提煉出精華分享示人，也絕不嫌晚。

飯店服務業是一個精采萬分但分工精密充滿價值判斷的工作，三六五天二四小時辛苦運轉，無論電視電影皆以飯店做為舞台演出親情、愛情、推理、懸疑、華麗、盛大、溫馨面向的各種劇情。而我們就是讓劇情順利發展下去的導演、場務、道具、燈光等各種的工作人員，有時甚至還要客串臨演一番，在東哥的故事敘述及管理理念分享中，清楚的說明了做好這件事情背後的洞察及需要付出的努力。

台灣的服務業正面臨著一個非常困難的階段，人力、市場、競爭、成本、需求等各面向都不利於經營，每想到都令人頭疼。但本書從團隊組建、客戶思維出發，員工訓練心法、加強附加價值、主管培育等方方面面提出了許多「正向思維邏輯」，讓辛苦的服務業主管們有一盞燈，有一股力量再向前行，在國內繼續自我提醒突破挑戰，去國外可以把台灣感性的生活風格系統化輸出做出品牌。

人生真是奇妙，我跟東哥因工作結識，而伯良兄是他介紹給我認識的朋友，日後在工作中也多有接觸相互交流密切合作。今天這本書竟然把三個人又奇妙的湊在一起。我一向認為台灣人是世界華人中最適合從事服務業的，希望讀者可以細讀本書，靜下來思考如何讓「台灣服務業向前行」！

用心，讓熟悉變成唯一：在科技重鎮中老爺以心款待

前新竹科學園區管理局 局長
王永壯

在科技日新月異、步調飛快的新竹科學園區裡，老爺酒店默默地扮演著不可或缺的角色。這本書，深刻描繪了新竹老爺酒店如何在硬體資源有限的情況下，以卓越的「服務軟實力」，成就了在地最具溫度的接待據點。

我曾服務於新竹科學園區管理局，親身見證無數國內外企業高階主管與工程師，因工作造訪園區時，選擇入住老爺酒店，不僅是因為地理位置方便，更是因為那份讓人「安心如家」的熟悉感。從書中可見，新竹老爺團隊不僅以細緻入微的服務滿足客人的顯性需求，更在無聲之中回應隱藏的期待，讓「喜新厭舊」的旅人轉變為「喜心念舊」的忠實賓客。

書中呈現多個真實案例，展現出老爺人「不怕客訴、善用挑戰」的服務哲學。

他們不迴避問題，而是積極傾聽、化解，並將每一次客人的聲音轉化為成長的機會。跨部門間更展現出協作與彈性，從員工的一句問候、一個眼神的觀察、一個舉手之勞，細膩地將服務力推向極致。

這本書不只是飯店服務的記錄，更是一部「待客之道」的教材。它提醒我們：優秀的服務，來自於同理心、主動性與願意為他人多想一步的熱忱。老爺酒店賣的不只是房間，而是每位客人在這裡的生活片段與深刻回憶。

如果你曾經入住過新竹老爺，相信你會在書中找到熟悉的感動；如果你從未體驗過這樣的服務，本書將會讓你重新思考什麼是真正的「款待」。推薦給所有重視服務價值、關心顧客體驗的讀者細讀。

好服務來自好管理

大店長 創辦人 尤子彥

很多想把顧客服務做好的經營者常問我，如何才能帶領出頂尖的服務團隊？本書給了這個問題明確的答案：好服務來自好管理！

本書是中文出版談服務管理實務的難得佳作，由在飯店業資歷長達三十年的前新竹老爺酒店總經理陳進東，與曾帶領亞洲多國美國運通團隊的吳伯良，兩位營運出身的頂尖服務業領導人共同執筆，不但帶領讀者洞察五星級酒店好服務背後的運作，解析打造優秀服務團隊的管理步驟，經典服務個案演繹過程，更傳達了台式服務友善重人情味的獨特內涵。尤其，兩位服務達人的精采觀點碰撞，對想透過提供好服務打造品牌價值的經營者來說，可說深具啟發性。

本書概分兩大部分，第一部分聚焦「好服務」，透過新竹老爺酒店一則又一則的價值故事（value story），分享這家硬體條件並非最佳的五星級酒店，如何透過服務的軟實力，做到讓客人「喜新念舊」，成為到訪科學園區外籍人士首選，締造客人累計住宿超過一千晚紀錄，成功扮演旅人的第二個家；館內餐飲團隊的深厚客情經營功力，更讓半導體教父二十年來將餐會都辦在新竹老爺，贏得龜毛挑剔的科技業菁英VVIP忠誠擁護，而其回報便是開業以來連續二十六年的業績成長表現。

值得一提的是，有別過往給予客人更多才是好服務的加法思維，**書中提出「機智服務」的新穎觀點，針對第一線同仁不斷探索顧客的底層需求，透過組織跨部門協作與授權文化，提供沒有列在員工手冊上的客製化服務，如同精準打擊般博得顧客信任，在如今人力通膨時代，十分值得正在做服務設計的品牌借鏡。**

第二章由一手打造美國運通台灣白金卡、黑卡秘書團隊的吳伯良，深入解析頂尖服務團隊的「好管理」該怎麼做，除延續他上一本著作《服務革命》ＶＰ值（Value Performance Ratio）大於ＣＰ值（Cost Performance Ratio），拚價格不如投資服務軟體的主張，更多是從管理者高度，談五人的戰鬥小隊到五百人鯊魚大軍，不同發展階段的溝通與授權方式，與如何賦能Z世代工作夥伴；以及隨著組織擴張，團隊領導人需從技術型、人和型主管，自我提升到策略型主管的修練路徑。

仔細品味本書我的領悟是，不管是從新竹老爺這家本土五星級酒店豐碩的經營成果，或是參與美國運通這樣百年企業跨國經營的實戰心得，兩位服務業標竿領導人不約而同印證了**服務業經營的硬道理：品牌持續成長來自做好服務，頂尖服務團隊建立取決於領導力品質！**

款待的本質是溫度

飛花落院 創辦人 **魏幸怡**

在飛花落院，我始終相信：「真正的款待，不只是我們端上桌的料理有多精緻，而在於客人感受到的溫度與被重視的心有多溫暖。」款待，是日常的修行，不是偶爾的感動。

ＡＩ或許能替代流程，但它無法取代我們注視客人時眼底的真誠，無法感受一場雨後遞上的熱茶所帶來的暖意。我一直相信：服務不是技巧，而是一種選擇，是我們願不願意為他人多想一步、多走一里路。

在「人力通膨」的時代，企業最大的護城河，不是硬體，而是人與人之間真實的連結。透過細膩的案例，我們看見如何將「做對的事」與「讓服務個人化」化為日常，最終累積成顧客心中無可取代的信任。

利潤從來不是計算出來的，而是因為有感而來的。這是一本讓每一位領導者與服務者都該細讀的作品。

共事不如有共識

林聰明沙鍋魚頭 執行長 **林佳慧**

我是小吃家族傳承的第三代，超過二十年的接班之路到品牌化經營，我一直在尋求更有效的管理溝通途徑，在共事之前如何先有共識，這本書中所提到的企業心法，具備著深入的智慧與技巧，正是服務業大店長所需的必修學分！

超越 SOP 的溫度服務

協憶有限公司 品牌總監 **吳敏鍾**

我們是義大利食品品牌代理商，表面上看來是批發業，但我們認知的生意不是只有買與賣，其實我們賣的是服務。

在缺工的年代，業界的服務品質下滑，這反而是我們加強核心競爭力的好時機。提升服務品質需要增加營運成本，但也讓客戶的依賴性增加，進而提升公司營業額及獲利。

尤其我們販售義大利的產品，希望跟客戶的接待上帶一點義大利熱情及朋友般的服務方式。但是這類歐美風格的服務型態，我們過往較少接觸到。而我們又一直想要擺脫較沒溫度的 SOP 服務流程。直到認識 Austin，才印證我們期待的服務方式，其實可以實現。因此工作上有關服務團隊的建立，常請益 Austin。Austin 教我們透過客戶服務過程中，洞察消費者的需求及產品改善的方向，讓我們的商業模式及新品研發能與時俱進。

閱讀《感性獲利》，教我們如何專注在服務的提升，進而成為公司的核心競爭力，讓公司不因價格競爭而失去生意。而且《感性獲利》傳授許多服務團隊建立與培養的方法，讓服務的核心能力能在企業裡落實及放大。《感性獲利》明確分享了服務團隊的育才及留才的具體做法，也給了身為主管的人明確的精進方向。

序章

人力通膨時代的新解方

喜歡逛街的朋友相信在最近一年都會注意到，來自韓國的觀光客變多了，特別是一些韓國明星在社群媒體上的推廣，越來越多韓國人來台灣尋覓獨特的街景與美食，讓「台灣感性」成為韓國著名的網紅標籤。

什麼是「台灣感性」？透過韓國網紅的鏡頭看到我們習以為常的招牌、商鋪、街景，這些是佔台灣產值超過六成服務業的日常，我們覺得沒什麼，但韓國人當作寶。我去企業演講時許多企業主會問我，服務業賣的是什麼？是價格？是便利？我常會回答說，服務業賣的是一種「奇檬子」，沒錯，這就是一種感性。

我在美國運通服務時跟許多百年歷史的飯店、餐廳打過交道，像是泰國曼谷的東方文華酒店、新加坡的萊佛士酒店，把歷史、人文與建築轉化為感性的賣點；而美國運通本身就是有一百七十五年歷史的企業，我們賣的是一種菁英屬性的會員服務，主要賣點也是一種情緒價值的滿足，信用卡僅為服務所提供的一種支付功能而已。

感性聽起來很文化也很難被量化，還不知道能不能賺到錢。不過，隨著台灣許許多多的餐飲品牌出海攻城掠地，台灣之光鼎泰豐榮登美國最賺錢的連鎖餐廳，代表感性的台式服務不只是情懷，還能獲利；甚至更極端一點說，一家企業要想賺錢不只一下子，想賺一輩子，沒有感性賣點，萬萬不能。

過去一年，我對國內外企業做了二十多場課程或演講分享，或許是因為我過往的工作經驗，學員們都想要我分享關於「如何賺有錢人的錢」的心法。的確，在現今人力、成本都不斷通膨的情況下，將商業模式從ＣＰ值（Cost Performance Ratio）轉型為ＶＰ值（Value Performance Ratio）已是行業共識，但具體上該怎麼做，卻是創業者與企業管理者碰到最頭痛的問題，這也是我繼前作《服務革命》之後想再寫新書的原因之一。

只是用「有錢人」三個字來描繪「高資產客戶」的輪廓，其實是不夠的，每位客戶的生活習慣、金錢價值觀都不相同，用大家聽得懂的名詞粗略分類，也起碼有「老錢」與「新錢」之分，「高資產客戶輪廓細分化」將是未來企業要花力氣去深入研究的功課，我也試圖在這本《感性獲利》中補齊。

因此這本書我找來一位特別的共同作者：擔任新竹老爺飯店總經理長達十五年的陳進東先生。

新竹老爺飯店是我心目中飯店業的「隱形模範生」，從一九九九年開業以來，矗立在新竹科學園區旁二十六年「小而美」的五星級飯店，始終受到護國神山群科技企業的喜愛；新竹老爺來自世界各地的商務回頭客佔業績五成，這些歐美各國科技業高階經理人與工程師們，住過世界各地最頂級的飯店，甚至是某些品牌最高階的 VIP 會員，跟美國運通黑卡的客人有類似的樣貌，但這些見多識廣又極其挑剔的客人，只要到台灣工作，還是堅持要回到新竹老爺酒店入住。

科技業是台灣最賺錢的產業，所產生的外溢效應也是服務業重要的活水，陳進東堪稱是台灣最懂科技業的飯店總經理，在本書的第一部分，有許多進東兄在新竹老爺所創造的傳奇服務故事，他也毫不藏私的分享打造優秀團隊的心法。

我從二〇一九年到二〇二三年這段期間被派到日本，負責帶領日本美國運通的旅遊暨生活休閒服務部門，日本向來以獨特的服務文化自豪，卻也是最早開始受到少子化、缺工等問題衝擊的國家，現在台灣也正走上相同的一條路！在過去一年的演講中，我最常被學員問到像這樣的問題：

「缺工問題好嚴重啊，有什麼方法可以順利找到人？」

「Z世代的員工好難帶啊，我明明給了很好的願景，但流動率還是很高，該怎麼辦？」

日本企業比台灣更早陷入人力通膨的困境，對企業來說，抓住年輕的勞動力是成長的第一步，過往昭和年代「吃苦當吃補」的日式管理早已是昨日黃花，多數企業想盡辦法留才，新的管理方式也逐漸導入，例如前輩與後輩固定one on one的會議等，已成為日本企業的新常態。

我始終認為「好服務來自好管理」，作為嬰兒潮世代的管理者，帶領過台灣、泰國、中國、日本等地團隊，以及X／Y／Z三個世代的員工，如果我們把視角放遠來看，三十年前嬰兒潮主管會認為X世代沒創意，二十年前X世代主管覺得Y世代草莓族，近十年Y世代主管認為Z世代只想躺平，每個世代在上個世代的眼中都有問題，但辦法是人想出來的，總是有優秀的企業賺到錢，優秀的管理者做出好成績。

面對新的困境與新世代的員工，現在的管理者該如何帶領團隊、設定願景、達成目標？這是我在上一本書中來不及多做著墨的部分，這次我把過往在美國運通從帶五個人的小團隊開始，到管理五百人以上跨國團隊的經驗，濃縮整理成二十四堂「主管課」，這其中有許多我每日貫徹執行的方法，希望在管理者成長的每個階段，給出相對應的自我升級指南。

台灣服務業獨特、迷人且有強大的生命力，讓我從業一生卻樂此不疲，相信書中仍有疏漏或不足之處，也請大家多多指教。

1

持續獲利26年的團隊秘訣

以軟實力打造最強護城河

什麼是服務？該如何定義什麼是好服務？

服務賣的，就是一種奇檬子。

頂尖的服務團隊，讓內外共好、共榮，

對內：員工跨越世代藩籬、樂於精進、順暢協作；

對外：讓客人對消費體驗回味無窮、喜新更念舊，

這正是優質人力的高價值展現。

① 默默征服竹科人，飯店業的低調模範生

一九九九的新竹科學園區，台灣的科技業才剛挺過亞洲金融風暴，台積電動土興建首座十二吋晶圓廠；網際網路浪潮方興未艾，台灣生產的晶片大量開始被運用在需求強勁的個人電腦、通訊設備與汽車電子等產品上，當時的竹科正處於生氣蓬勃的成長期。

同一年，位於竹科園區入口處的新竹老爺酒店開幕，這是新竹地區靠近竹科第一家五星級飯店，從現在的角度來看，新竹老爺可真是「押對寶」了，但在當年，我們的護國神山群雖然強大，但還不到制霸市場的程度，在新竹蓋一間五星級飯店，還稱不上是個穩賺不賠的投資選擇。

二十六年過去，隨著科技業的壯大，新竹老爺成為飯店業少數「默默賺」的

隱形模範生。每年外籍旅客的占比高達五成以上，絕大多數都是來竹科進行商務活動的回頭客；我們的客人忠誠度極高，有許多來自美國與歐洲的科技業菁英，多年來不離不棄，累積住宿超過一千晚，即便他們在海外可能非君悅、萬豪等頂級連鎖品牌不住，但只要回到台灣，邀請的合作夥伴都知道：「他們只住新竹老爺。」

對台灣的消費者來說，老爺酒店是一個低調又熟悉的飯店品牌，從一九七七年創立至今已有近五十年的歷史：集團中的台北老爺以後現代歐洲低調奢華建築風格備受矚目；礁溪老爺首開國內奢華度假飯店的先河；知本老爺因溫泉設施在親子市場享有高知名度；新竹老爺在集團下更是「低調中的低調」，但對竹科人來說卻是異常親切的存在。

我曾經碰過飯店的客人分享，當年為了投考清大研究所提前入住的飯店正是新竹老爺，他還清楚記得當時的房務人員為了這群考生住客專心備考，特別準備祝福的御守，以及與比平常多一倍的礦泉水放在房間，讓他感動至今。這位客人一路從清大畢業、後來進入台積電服務並升任主管，也經常在我們的幾家餐廳商務宴客，逢人便說他與新竹老爺多年的緣分。

不爭第一，要做唯一

很多同業認為新竹老爺有完美的地利之便，距離園區近在咫尺，但其實這棟建築原本並非為了開設飯店而興建。在亞洲金融風暴期間，原本在此興建的是一棟辦公大樓，業主沒撐過危機，當時負責興建的正是老爺酒店的母公司「互助營造」，於是我們集團的林總裁決定承接這棟建築。

我曾聽總裁說起這段故事，他表示當年也沒想太多，只覺得新竹科學園區發展蓬勃，在旁邊開飯店就算不會大賺錢，也是穩定的生意，便決定改建成飯店，並由老爺集團來經營。

由於是在興建過程中才變更設計，所以新竹老爺酒店的硬體並非從一開始就是依飯店標準而規劃，在原本的設計圖紙上，建物原本是辦公大樓，雖然空間配置能進行調整，但基礎設計是無法任意變更的。受限於基地的面積和形狀，建築本體偏狹長型，入口處的大廳與迴車道空間略小，以一家五星級飯店的門面來說，的確是先天劣勢。其次，地下停車場的規劃也是一大考驗。企業辦公大樓對停車空間的需求不如飯店多，地下停車位不夠充足，必須仰賴機械式車位，客人自行停車較不方便，這些硬體上的缺點，皆會影響日後飯店的營運。

就這樣，受限於建築物的先天條件，一九九九年新竹老爺開幕時，呈現的是一座麻雀雖小五臟俱全的五星級飯店。然而，即使沒有豪氣的大空間，但五星級該有的條件與配置一應俱全：一共五家中、西、日式餐廳、宴會廳、SPA、室內溫水游泳池等設施，甚至有自家運營的烘焙坊，與外包的即時西服洗燙服務，五星級飯店該有的規格與服務，新竹老爺都能完善提供。

如今二十六年過去，從硬體上看，將新竹老爺放到竹科周邊或廣大的新竹觀光市場，在設施的豐富度不能說占有絕對優勢，畢竟新竹這些年如雨後春筍般新建了許多五星級觀光飯店，其中不乏知名的國際連鎖品牌，有更奢華的空間、更新的硬體設備——然而，這些新競爭者，卻始終挖不走新竹老爺的忠實客戶。

我們有一大部分的客源是來自各國的商務客人，像是常駐在園區的海外技術人員、工程師，或是每年來開董事會的企業高管，這些客人基本上有許多共同特質：他們都是收入豐厚的高薪白領，世界各地到處飛且見多識廣，高級酒店所能提供的設施與福利，他們都瞭然於胸。

當飯店還處於嶄新的狀態，或許憑著設施與地利之便就能夠抓住客人，但十年、二十年過去，即便期中經過翻修更新，硬體難免會有歲月痕跡，但這些客人還是願意回到新竹老爺，靠的不是硬體、而是服務的軟體。

老爺酒店的創辦人林總裁曾說：「不爭第一，要做唯一」，「做唯一」這三個字就是我們能夠留住客人的關鍵。市場上永遠會有新的第一，更新更大更豪華的飯店，但我們把力量放在成為客人心目中的唯一，成為這群聯合國科技菁英在台灣的家，也是這群客人願意捨棄其他知名連鎖品牌，二十多年來不斷選擇新竹老爺酒店的原因。

達人交流站

■ 吳伯良觀點 ■

製造業、科技業，一樣能有服務思維！

製造業與服務業看似業態不同，但經營上還是有許多可相互借鏡之處，我在出版前作時，受邀到幾家大型製造業公司演講，都會提到一些早年的故事。過往美國運通在台灣以服務外商為主，台積電成立之初，差旅業務就是交給美國運通承辦，為了就近服務客戶，我們還在台積電內派駐員工。我發現台積電雖是科技製造業，但在許多小細節上極具服務業思維，像是他們的櫃檯服務人員對應成熟洗鍊，顯見是特別挑選具有相關經驗的員工，訪客登記簿也透過巧思設計，保護每一位前來拜訪廠商的隱私，讓我留下深刻的印象。

其實台灣的製造業也具有很強的服務意識，尤其在中國製造業「出海

達人交流站

卷」的浪潮下，業者都很有憂患意識，台灣企業深厚的功底與創意，還需結合品牌與服務深化競爭力，才能讓我們的製造業不至於陷入價格競爭。

只是製造業畢竟是封閉式的銷售環境，不像服務業每天面對眾多消費者，因此在許多服務的細節上比較偏向製造端的面向思考。像我看過許多製造業的官網，客服電話都會分得很細，不同的客戶要打不同的電話與分機，若能在這部分加以優化，讓客戶不論在任何時段都能打同一支專線，不但體驗更佳，企業對外形象也能加分。

其實做生意一理通百理通，雖然個別的專業有所不同，但核心的價值卻可互通，在演講中有製造業的員工提出，如何將服務業處理客訴的手法，運用在製造業客戶的身上，就是很棒的相互學習，希望有更多的製造業先進來參考服務業的案例故事，共同提升台灣企業的競爭力。

② 硬體不足，以軟體超越極限

從開幕之初，新竹老爺的管理高層就深知外籍商務人士會成為主力客群，因此第一任與第二任的總經理皆為外籍，一位來自澳洲，一位來自德國，皆具有豐富的國際經驗，為飯店的營運打下良好的基礎。在我二〇一〇年接任時，新竹老爺已有很好的服務基底，我們要做的就是與時俱進，跟上甚至超前這些商務客人的需求，讓他們永遠離不開新竹老爺。

在經營上比較棘手的問題，依然是先天硬體規模不足，許多管理者碰到這種問題，大多會兩手一攤——設施要改，花大錢還不見得能動工；不改，時間一久難免面對服務品質下滑與客訴增多，很多時候專業經理人就只能選擇先擱置，能撐一天是一天。

看似無解的先天條件，難道真的只能將就著用或兩手一攤不管嗎？當然不是，在新竹老爺，硬體所衍生的問題，我們都用更高品質的軟體來補足，不用花大成本，反而得到更多客戶的滿意與讚賞。

泊車技術變成賣點

例如對飯店來說看似微不足道，但卻是影響第一印象好壞的關鍵：泊車服務。新竹老爺的停車場先天上有幾個「硬傷」，原本辦公大樓的規劃導致車位不足、且有一大半是機械車位，客人不諳操作，稍一不慎就會讓整區機器當機，為此我們必須付出更多人力管理停車場。當然我們也想辦法增加平面車位的數量，例如向竹科管理局租用飯店附近的一塊土地，作為館外停車空間，但同樣的，在導引客人從停車場走到飯店，也得照顧到更多細節，並沒有比較輕鬆。

第二個影響客人的印象，是門口的回車道。受限飯店狹長的基地，回車道寬度沒辦法做到非常寬敞，特別是如果客人開來的是名貴的跑車、豪車，進出飯店總是戰戰兢兢，不小心刮到蹭到，一定會留下不好的印象。

許多服務業都有泊車服務，但對大多數的業者來說，泊車並不是重要的單位，甚至有許多企業採外包制，管理上很難控制品質一致。新竹老爺的泊車團隊不同，團隊中甚至也有年輕女生，只要對開車有興趣，我們歡迎飯店各個崗位的同仁加入泊車團隊，同時也鼓勵團隊精進自己的專業、以工作為榮。

我們的泊車團隊做到什麼程度呢？不但有專屬的教育訓練、有制度化的服務SOP（Standard Operation Procedure，標準作業流程）、熟悉停車場的設備操作，成員們還會定期研究某些罕見品牌與車型的開法！如果今天突然叫一個沒開過法拉利的人來坐駕駛座，我想多數人連發動引擎都戰戰兢兢或不懂操作；我們想讓同仁將泊車視為是一種專業，平日就得學習、熟悉，久而久之團隊也將「把沒開過的車開得很好」視為是一種挑戰，養成對自身專業的驕傲，以及同仁間互相學習的正向循環。

現在許多餐廳與飯店都不敢主動幫客人停豪車，深怕有個小擦傷就賠不完，但我們接待過不少開法拉利、藍寶堅尼超跑的客人，很鼓勵泊車團隊為客人服務，不只是超跑，連勞斯萊斯「庫里南」這種超大型的 SUV，甚至電影道具的古董車！這些車款的操作方式跟一般房車不太一樣，泊車團隊平常必須研究過功能操作，才能開上路。

來自法拉利車主的稱讚

之前我們曾接待一位開著限量版法拉利跑車來的客人，可能他在其他地方要求泊車服務被拒絕過，但因為他這次趕時間要參加在老爺酒店的會議，一下車就馬上問：「我急著開會，你們可以幫我停嗎？」我們的泊車同仁馬上二話不說，告訴他：「可以，沒有問題，請您放心交給我。」

這位車主其實還是有一點小擔心，他接著問：「你會開這台車嗎？需不需要我大致上跟你講一下？」這位同仁就回答說：「沒問題，您這輛車是法拉利的某某型號，我已經學過如何操作這台車，您放心交給我。」

或許因為時間緊急，客人二話不說把鑰匙交給我們同仁，上樓去開會了。等他會議結束、回來取車時，我們同事把車子順利開到門口交給他，這位客人舉起大拇指對我們同事說：「Good Job！我沒有碰過這麼專業的泊車人員，可以把我的車照顧得這麼好。」

不只對待豪車客人如此，另一個故事發生在一位十六年後才再次光臨新竹老爺的客人身上。有位陳小姐，在某個周末下午抵達飯店，恰逢辦理住房的尖峰時段，停車、取車的流量極大，泊車人員詢問是否需要「代客泊車」的服務，陳小姐說她自己停到鄰近的館外停車場就行。我們的泊車同仁看陳小姐去停車的時間已經過了十多分鐘，卻還沒回到飯店辦理入住，擔心她迷路或是遇到特殊狀況，於是打了招呼、放下手邊的迎賓工作，走到對面停車場查看，遠遠見到陳小姐正拿出拐杖準備下車，我們同仁立刻跑上前自我介紹說：「我是新竹老爺的服務人員，請您留在車上，讓我帶您回大廳。」同時用對講機請現場準備好輪椅，幫助陳小姐辦理入住手續。

因為館內停車空間不足、不得已得讓客人去館外停車，加上又是行動不方便的客人，這原本是很容易引起客訴或抱怨的缺點，但我們同仁留心觀察，主動判斷優先順序、暫時放下手邊的工作去做「份外」的事，將硬體的不足扭轉為對服務的讚美。後來陳小姐在知名的訂房網站上寫下長長的讚賞評論，也成為我們泊車同仁胸口最閃亮的勳章。

沒有行政酒廊的五星級飯店

再舉一個硬體上不足的劣勢，看看我們是如何用軟體來克服並反轉的。

新竹老爺開幕時，還屬於「上個世紀」的一九九九年，當時台灣消費者還不熟悉「飯店會員」的忠誠顧客獎勵制度，而國際品牌的飯店常會配置「行政酒廊」

或「行政樓層」，將忠誠度高的會員、或願意付較高價格的客人，與一般旅客區隔開來。台灣過去有這種配置的五星級飯店並不多，新竹老爺受限於建築面積有限，一開始就沒規劃行政樓層與行政酒廊。

後來新竹開始出現越來越多嶄新的五星級飯店，清一色皆有提供行政酒廊與行政樓層的設施，我們在飯店中期改裝時，也曾評估是否要將一兩個樓層變更設計，打造能與競爭者相對應的設施。既然要改裝，投入相關的經費增加設施也看似合理，但更底層的邏輯是：「我們的客人真的需要行政酒廊與專屬行政樓層的服務嗎？」

在進行中期改裝之前，我們重新檢視、並歸納過去的消費者回饋，發現這些頻繁來竹科出差、每次停留都會入住一段時間的忠誠顧客，通常忙於工作，每日早出晚歸，一回到飯店就回房休息，鮮少使用行政酒廊提供的餐酒小點、用餐空間、會議室等功能，在他們緊湊的行程中，要另外到行政樓層去用餐反而浪費時間。

經過評估後，我們提供更貼近客人平日作息動線的做法：在大廳旁邊的酒吧交誼廳，我們會在上班日（週一到週五）舉辦 happy hour，從傍晚開始一直到七點左右，讓工作一天的商務常客在傍晚回來時，就近即可在一樓大廳酒吧享受免費的飲料與小點，我們也聘請了樂師現場鋼琴演奏，客人在這裡小酌吃點心，跟飯店的同仁或來自世界各地同住的其他房客聊天交流，讓工作與休息之間多了一點儀式感。

具有人情味的 happy hour 獲得長住客非常好的評價，每天下班後用餐前，可以在這裡放鬆心情、認識新朋友，他們都認為跟其他飯店的行政酒廊相比有一樣的福利，但氣氛更好，既不刻意營造又讓人輕鬆自在。

真正優質的服務不必然需要豪華的硬體堆砌，用心營造的軟體服務反而更能持久。即便在硬體條件受限的情況下，只要能精準洞察客戶需求，創造出貼心、專業且有溫度的服務，就能贏得客戶的忠誠與口碑。這正是新竹老爺能在一眾新飯店中仍屹立不搖的關鍵所在。

達人交流站

■吳伯良觀點■

投資軟體，更容易創造亮點

我在前作中曾舉了一個例子，有位金控業大老闆問我，如果預算無上限，要成立一個類似美國運通的團隊要花多久的時間？我告訴他得要花五年時間，這位老闆一臉不可置信，他認為只要錢砸下去，頂多兩年就可以到位了。

台灣許多老闆都是抱持著類似的觀念，從飯店業來看，現在新開的頂奢飯店都已經達到每晚三萬台幣的房價，但消費者心中是否真能給予物有所值的評價？我曾經聽一位朋友分享，某家新開的豪華飯店，餐廳外場的服務人員是找建教合作的外籍學生，但這些中文還不甚熟練的小朋友，要如何精確解釋主廚採用當地食材的廚藝或巧思？

達人交流站

多年來我不斷鼓吹「VP值」的重要，要做到讓VP值取代CP值有個重點，投資者必須捨棄「投資看得到的硬體」的心態，反而要把讓消費者真正有感的軟體（系統、人力）等當作投資重點，因為硬體創造的新鮮感很快就會消失，只有軟體建構出的護城河才能讓企業長久獲利。

在國外，我們可以看到動輒超過一百年以上的飯店品牌，光建築物本身就是歷史古蹟，設備受限於建物本身的「年紀」，不可能太新穎，但消費者願意持續造訪消費的關鍵，不在於一時的打卡炫耀，而在於這些飯店能提供別人無法超越的體驗與服務，這亦是台灣服務業必須從心態上開始改變的契機。新竹老爺過去二十六年的傲人業績，也足以佐證深耕軟體的重要。

③客人喜新念舊，你就能賺一輩子！

人性的「喜新厭舊」，是各行各業都必須面對的挑戰，在飯店業，新飯店嶄新的硬體就是賣點，尤其在社群年代，新穎的設計和消費者打卡率成正比，較容易吸引年輕旅客前來「朝聖」，充滿新鮮感的蜜月期生意一定好，但十年、二十年過去，該如何讓客人從「喜新厭舊」變成「喜新念舊」，才是業者能持盈保泰、細水長流的關鍵。

特別是在飯店業，相對來說是一個高資產且人力密集的行業，需要長時間才能回收相對應的成本，因此在建置之初就必須考慮到，不能只把硬體當作是最主要的投資，優勢軟體所需要的成本也必須計算在內。不過台灣業主往往偏重看得見的硬體投入，在軟體與人力的投入都是以「將本求利」為導向，但問題出在等新鮮期一過、生意下滑，很難做到「賺錢一輩子」的長久經營。

如何能讓客人願意「喜新念舊」？以我們的經驗，總括來說，**是長期且不間斷的滿足客人的「剛需」**，服務要與時俱進，且能解決客人的「痛點」，如此一來，即使有各種眼花撩亂的新選擇放在客人眼前，他想到的仍會是那些讓他「念舊」的種種好處，自然樂意回來消費。

在客人看不見的地方要更大方

新竹老爺會專注在滿足客人的「剛需」，這是我們的服務重點，也許和其他五星級飯店的做法不同，卻是我們多年來收服這些在全世界到處飛的科技業精英的秘密武器。在飯店設計之初，我們很重視洗燙衣服務，這是因為商務客不像一般觀光客只待兩三個晚上就離開，他們可能會住長達數個月，期間需要工作、出席重要場合和一些宴會，洗衣與燙衣服務對他們來說是不可或缺的剛需服務。

我們提供的企業訂房方案，將洗衣與燙衣服務包含其中，每日提供一定數量的貼身及外出衣物的洗燙。特別是需要參加正式會議或宴會的客人，西裝甚至禮服皆需要專業的洗燙，這些都可在飯店的洗燙衣服務解決，速度與清潔度足以應付客人隨時提出的需求。有些客人抵達飯店時已是深夜，我們卻可以在隔天一早、在他出發前就為他準備好燙得筆挺的襯衫，讓他可以從容順利的前往園區開會，這也是許多長住客給予極高好評的服務項目。

還有那些每年必須飛來台灣好幾次的商務客，例如定期來開董事會的科技業董監事、高階主管等客人，我們也會在他們離台期間幫忙保管換洗衣物與隨身備品行李，在他們抵達前便會把衣服洗燙整理好掛到衣櫥內，清潔用品擺放在固定的位置，讓客人不用每回來台都要拖著大行李，一到飯店，所有物品都已經準備就緒，就像在自己家一樣。

另一項我們從開幕以來就堅持至今的服務，是彈性的入住（check-in）和退房（check-out）時間。外籍商務旅客的班機抵達時間不盡相同，有可能一大早或深夜時分，在一般五星級飯店可能要有高階會員資格才能享受提早入住與延遲退房的服務，但我們不需要客人交代或要求，會配合商務客人的到離時間，主動幫客人延遲退房到能夠順暢銜接班機，方便他在繁忙的工作結束後，可以從容打包行李、準備回國。

其實，許多服務項目並非一開始就有，有不少項目也是「**以客人為師**」陸續納入。例如來台灣長期出差的長住客，往往工作忙碌，每天一大早就必須搭著飯店的接駁巴士趕到園區上班，匆忙之際常沒有時間好好享用早餐，有一位經常來台灣出差的美國常客留下一封建議信，問說能否在大廳候車處提供一些熱咖啡、熱茶及簡易的輕食，讓來不及在餐廳坐下吃早餐的客人，能夠在搭車前隨手帶走，到辦公室再慢慢用餐。

另一位常客提醒，台灣濕冷，冬天寒流來襲時體感溫度很低，尤其是新竹風大，他建議在大廳提供免費的熱薑茶，讓這些辛苦工作了一整天的住客可以喝一杯薑茶暖暖身子。這些都是來自客人的好建議，我們也都從善如流，並且多年來一直執行到今天。

鼓勵「雞婆文化」，獲得高回頭率

這些服務細節或巧思的安排，無關於一般人想像中需要大手筆的硬體投資，更要緊的是洞察並滿足客人的隱性需求；而在我們過往的經驗中，即便是對細節極度要求的客人，最能滿足他們的關鍵，也不在於以硬體取勝。

有一位經常從美國來台灣出差的金髮女士，每次入住前，秘書都會特別提醒，需要提供無麩質的吐司，早餐用的果醬必須用玻璃瓶裝，房間內提供的茶葉要選擇有機茶，打掃房間也要使用有機天然的清潔劑、避免使用化學製劑。

這位女士十多年來只要來台灣，一定會住在新竹老爺，即便她的會議地點可能在台中或台北，並不算太近，但她寧願我們派車幫她接送往返，即便舟車勞頓，開完會後也一定要回到新竹。為什麼這名客人如此「喜新念舊」、對新竹老爺如此死心塌地呢？原因並不完全是我們做到了她所期待的所有服務，反而是一碗不起眼的紅糖湯圓。

有一年，這位女士入住期間正好碰上台灣的冬至，她在飯店的 happy hour 小酌時跟我們的同事分享，她的台灣同事曾提到冬至是台灣人很重視的傳統節氣，在這一天，台灣人會跟家人團聚，一起吃叫做「湯圓」的食物，這位女士沒吃過湯圓，很好奇湯圓吃起來是什麼味道，便跟同事聊了起來。

客人當下只是當作聊天的話題，但這位同事在隔天早上特地到市場去買了現做的湯圓，請廚房為這位女士煮了一碗熱騰騰的紅糖湯圓，趁她用早餐時送上。這位女士又驚又喜，非常開心的說：「住過這麼多飯店，只有你們真心把我當家人！」

「雞婆」的另一層含義就是「急人所急」。深夜時分，一位剛從美國長途飛行而來的商務旅客，在周日凌晨抵達新竹老爺，隔天一早他將參加一場重要的會議，需要穿上整套西裝出席，卻發現西裝褲的拉鍊壞了。房務同仁在第一時間接手，修好拉鍊、還順帶燙平褲線，清晨前送回房內。這並不是多難的服務，但確確實實的解決了客人的困窘，讓他感動到返美後還特地寄來聖誕賀卡表達謝意。

我常戲稱服務業是「武場」，我們的同事大多不是坐在辦公室電腦前，而是在每天的日常工作裡隨機應變。老爺集團的同事問我如何訓練員工積極主動，我笑說，主管喊話要積極主動未必有用，但所有新竹老爺的員工都知道，總經理經常要大家「雞婆」一點，鼓勵「雞婆文化」。

如果套用企管大師的理論，所謂的「雞婆文化」意味著：「真正的服務不只是滿足客戶的明確需求，**而是要主動發現並創造客戶心中未曾表達的期望，進而贏得客戶的長期信賴。**」

當我們把這麼長的論述直接告訴員工，他們很難將理論套用在實際工作上，但當我跟他們說要「雞婆一點」，就像對家人一樣，凡事都多想一點、多做一點，這樣員工就很好理解了，自然而然會產生如「紅糖湯圓」這麼動人的服務案例。

每一件客人的小事，都是獲利的基石

為了落實「雞婆文化」，我們在辦公室的走廊打造了一面「常客照片牆」，除了客戶關係經理會定期幫新進同仁上課，也在內部建立一套「需求與偏好」的記錄系統，連同廚師在內的所有同仁都能隨時更新、查閱。

例如有一對夫妻檔，太太每回入住都會參加宴席，常需要臨時搭配珠寶，我們的資料庫裡早備好幾家珠寶店的資訊，同事也可陪同挑選；先生對羽毛嚴重過敏，每次入住前我們都會將寢具換成木棉枕和纖維被。這些零碎的小事，無需客人再次開口，我們的團隊自動安排到位。

「這些準備豈不是要花更多的人力成本？能賺到多少錢？」然而從長期來看，這些VIP客人「喜新念舊」、一來再來，代表著優質人力的價值所在。有位已經入住新竹老爺兩百多晚的客人，曾在評論網站留下鼓勵：「新竹老爺就像我在台灣的第二個家。雖然距離加州的家千里之遙，但在這裡，每個人都記得我的名字、我的作息，連我急著出門忘了拿烘乾的衣服，他們都會主動整理好送回房裡，讓我完全不用浪費時間。」

即便在周圍三、四公里、車程五分鐘範圍內後來又開了許多新穎的五星級飯店，這些科學園區的客人還是願意常回來，讓我們能保持高住房率和客戶忠誠度。

達人交流站

■吳伯良觀點■

老靈魂，也能吸引新客上門

台灣有許多老飯店都在重建中，有些位處精華區的飯店紛紛改建，這也帶出了一個問題：老牌企業是否只能透過設施翻新來吸引顧客？在逐漸重視新奇的消費文化中，老品牌應如何引導消費者從喜新厭舊轉為喜新念舊？

老建築需要定期更新硬體，不需要求最新、最頂尖最豪華，但設備的確需要維持一定的水準，確保顧客的使用體驗。因為在硬體上有可能不如新銳品牌，所以需要強調的是「軟實力」。

舉幾個國際知名的飯店為例，曼谷東方文華酒店以其經典的下午茶和卓越的服務著稱；東京帝國酒店則訴求歷史的份量感，會在下午茶餐具刻上製造年份；台東知本老爺酒店則展示了一面陳列重量級貴賓照片的歷史

達人交流站

牆，這都是隨時間累積下來的獨特故事，是新品牌無法輕易模仿的優勢。

再者，當你想宴請重要客人時，會如何選擇地點？我通常會帶去我最熟悉的餐廳，為什麼？因為我對每一個細節瞭如指掌，從服務到菜品都不會讓我失望，確保不易出錯。

要如何做到讓顧客第一個想到你、成為你的鐵粉？「認識客戶」是第一個功課，首先應從了解他們的喜好開始，這種了解必須加入細膩的觀察視角，例如記得某位客人偏愛在窗邊位置品嚐鐵觀音，顧客再次造訪時，主動客氣的問起上次經驗如何、是否需要調整等等。

第二，是穩定度，品質不會因時間點不同而起伏，穩定帶來信賴感，顧客自然會培養出對你的信任感，從而變成品牌的忠實支持者。

善用以上這兩個優勢，我相信即使是老靈魂也能不斷吸引新顧客。

④讓客人安心，一次就夠了！

常聽到對一家飯店最大的讚美，就是客人說「這家飯店像家一樣」。但實際上「家」是一個很不具象的概念，做到哪些服務才能像「家」？是無微不至的服務？是可以打卡的絢麗裝修？都不是，我認為最能讓客人感覺居住在此像家一樣，最重要的只有三個字：**安心感**。

我們可以試想，出門在外人生地不熟，或許你的語言能力不錯，可以在世界各國之間來去自如，但終究不像在自己家一樣，清楚附近哪裡有診所、哪裡有醫院、哪裡有好吃的餐廳，有突發狀況知道去哪裡諮詢和取得幫助。當旅人在陌生的城市，潛意識裡勢必會有很多不安全感。

所謂「第二個家」的概念，提供的不單是具體的設施或抽象的服務，而是能透過優秀的服務人員，消弭客人的不安全感。

我在服務業工作了三十幾年的經驗，不論是多麼有錢、多麼難搞的客人，只要能夠把握住機會，讓客人在不安全感湧現時感覺到安心的體驗，只要一次就夠了！一次好回憶，就能讓這位客人從「喜新厭舊」轉變為「喜新念舊」，長長久久、不斷回頭找你服務。

分享一位我們的常客，來自荷蘭羅伯先生的故事。

解決客人的痛點，變成你的亮點

羅伯先生是新竹老爺住了數百個房晚的一位老客人，每次來台入住，羅伯先生總是神采奕奕、大步走進大廳，幽默的與同事們寒暄，所有工作同仁都喜歡他不擺架子又熱情親切，大家幫他取了一個「蘿蔔糕先生」的綽號以示親暱，羅伯先生也不以為忤，用爽朗笑聲回應。

羅伯先生因個性使然，對他消費的品牌有很高的忠誠度，也因此他對服務的要求標準也是極高。他在世界各地出差，航空公司只搭國泰航空，飯店只選萬豪集團，他是這兩個品牌最高階的會員，但只要來到台灣，不論是他的秘書或負責安排的合作廠商都知道，一定要幫他訂新竹老爺，絕無例外。

某一次羅伯先生來台灣出差，搭乘我們安排的接機車到大廳門口，同仁卻遲遲沒看到他下車，上前關心才發現，與往日西裝筆挺的穿著不同，車上的羅伯先生穿著寬鬆的運動短褲，痛到無法下車走路，原來他上一個行程在韓國不小心摔倒受傷，行動很不方便。

我們同仁馬上安排輪椅直接送他到房間，在房內幫他辦理入住手續，同時也有其他同仁聯絡附近的服飾店，幫他採購寬鬆好行動的長褲，讓他停留在台灣期間有方便穿著的衣物可替換。在住宿期間，只要同仁在早餐時沒有看到羅伯先生出現在餐廳，不用等他交代，房務同仁就馬上送一份他平常固定的早餐：一杯咖啡與可頌到客房，減少他上下樓的頻率與身體負擔。

當羅伯先生即將結束在台灣的行程、前往下一個城市前，禮賓同事先聯絡國泰航空，安排好兩地機場的輪椅服務，同時打電話給羅伯先生在下一個城市要住宿的萬豪酒店，提醒客人的身體狀況，請對方給予相對應的協助與照顧。

這一切的安排都是在羅伯先生沒開口要求的情況下處理妥當，羅伯先生回到荷蘭後住院休養，還特別打電話來向照顧他的同仁親口道謝。他說，入住新竹老爺已經很多次，但這一趟行程真正讓他感覺到，雖然行程中碰到倒楣事，但在台灣他是被像家人一樣的照顧，順利完成在台灣期間的工作。

很多時候，客人第一時間出現負面情緒，或許不是針對現場的服務人員，只是反應當下因為各種不順而引起的焦慮與不安，我們有太多這樣的服務案例，特別是商務旅客，來去非常匆忙且不定時，在漫長旅途當中很容易發生突如其來的臨時狀況。

有一位來自美國的常客，有一回在深夜時分抵達，接待的同事發現他不像以往帶著大包小包的行李箱，只帶了隨身電腦包，對於要住好幾個禮拜的客人實不尋常。同事也察覺到客人在辦理入住時神情有點鬱悶，便一路護送客人到房間，好私下了解狀況。

原來客人的行李延遲、沒有跟班機一起到，但他隔天早上就有一個非常正式的會議，需要穿襯衫打領帶出席，同事馬上跟客人說：「請您放心，半個小時之內，我就會幫您準備好合身的襯衫和領帶。」

這位同仁與值班經理馬上開始聯絡，先到備品的倉儲區去找是否有合適的白襯衫，送去熨燙；接著向主管借來能搭配客人褲子顏色的領帶，還貼心附上一雙新買的襪子。在進行這些準備工作時，我們也繼續跟航空公司聯絡，確定行李抵達飯店的時間。

於是，隔天早上客人沒有任何耽誤，準時參加會議，成功化險為夷！在經過這一次的意外後，他也成為我們最忠實的擁護者，每回在飯店跟合作的朋友或同事用餐會議時，一定會跟大家說這則小故事。他說：「我住過太多的星級飯店，卻很少有飯店願意這麼貼心、更進一步主動發現我的不安，讓我感覺完全沒有後顧之憂。」

有一種餓，是老爺怕你餓

你或許會想，一定要等客人碰到倒楣的事情，我們的服務才有發揮的機會嗎？其實不然，讓客人留下深刻印象、感到安心的機會隨時都在，關鍵是團隊能否養成有如「肌肉記憶」般，對客人的隱性需求做出立即回應，每位客人碰到的狀況都不同，很難用同一套 SOP 套用，這也是我不斷跟同仁強調「雞婆文化」的原因，多一點觀察、多一點體貼，就有機會多留住一位好客人。

有一位來自歐洲的常客M女士，每年固定會在聖誕節前夕造訪台灣，參加園區某家企業的董事會。某次當她結束工作、準備返國，當天卻特別忙，預約七點半的車到門口要送她到機場，她卻直到七點才回到飯店。M女士進大廳時隨口跟我們同事一提：「這次真的是太忙了，今天忙了一整天，什麼都沒吃，雖然肚子很餓但行李還沒收，要是有時間，真想吃兩口你們明宮餐廳的港式點心啊！」

客人之所以沒有提要求，是因為她自己也覺得時間太匆促，不可能半小時內又要吃飯又要收行李。但我們同仁沒有半分猶豫，馬上打電話給廚房，七點正是廚房出菜的高峰期，但廚師聽到客人一整天沒有進餐，又念念不忘他們的招牌港點，覺得務必要幫客人填飽肚子再離開台灣，於是便在最短的時間張羅好一些客人平常愛吃的點心送到客房。M女士看到點心喜出望外，趁打包行李之餘匆忙吃上兩口，還一併將所有點心都打包帶走，說想在去機場的路上慢慢品嘗。

M女士每次來台灣都選擇新竹老爺，而且不僅是到園區工作時如此，就連其他需要在台北或台中參加會議的行程，她也婉拒合作單位就近安排更貴的五星級飯店，堅持要回新竹住在我們這裡，再由我們負責安排行程派車接送，M女士說，她相信在台灣碰到任何狀況，都能很安心的交給我們幫她解決。

這就是我常跟同仁說的「讓客人安心，一次就夠了」，因為客人不需要每次住不同飯店，不斷跟陌生團隊磨合，事事都要再解釋，特別是工作非常繁忙的商務旅客。服務業的終極目標，就是讓客人在這裡找到安心感，一旦達成，客人就會從一般的消費者轉變為忠實的擁護者，不只會持續回來，還會主動向身邊的人推薦和分享。

達人交流站

吳伯良觀點

服務，賣的是讓人安心的奇檬子！

很多人常問我什麼是服務？該如何定義什麼是好服務？這個問題如果在學校的課堂上講，可能要援引很多理論數據，用複雜的論述才能交代清楚，但站在第一線員工的角度，我可以用很簡單的一句話概括：「服務賣的，就是一種奇檬子。」

我舉一個我前東家美國運通的服務案例來說明，大家應該一聽就懂。

有位客人帶著太太和小孩，在雪季到北海道自駕旅遊，在前往飯店的途中因為大雪被困在一處荒野，連道路都看不清，想打當地電話求救語言又不通，因車上還有孩子，先生緊張極了，於是打電話給美國運通的旅遊暨休閒生活服務部門，問我們的同事有沒有辦法幫他們一家脫困。

達人交流站

接到電話的同事首先安撫客人情緒，請他以手機截圖傳來所在位置的經緯度，同時找來通曉日文的同事，用三方通話打給距離最近的派出所，當地警察表示，受困的地點距離他們約二十分鐘左右車程，當下即可派員前去協助，先讓客人吃下定心丸。與此同時，同事也打電話到當晚客人要下榻的飯店，通知他們以上情況，並且多問了一句：「今天是台灣的冬至，在客人抵達時，您方便幫他們準備一碗熱騰騰的甜湯嗎？」而飯店方也很幫忙，更在紅豆湯裡加進日本年糕，表達他們對於客人的一點心意。

可想而知，當這家人困在大雪中好幾個小時，全身又濕又冷、有如劫後餘生般走進溫暖的飯店，喝下那一口熱騰騰的紅豆年糕湯，會有多舒服、心中有多感動！所以說，美國運通賣的是什麼？是代訂機票飯店？訂餐廳排行程？都不是！他們賣的是一種「別怕，凡事有我們來處理」、讓人安心的奇檬子，換來的不僅有客人不斷的感謝，還有日後不離不棄的忠誠度。

⑤抓住服務的底層邏輯，贏回生氣的客人

在服務的現場，犯錯是難免的，尤其剛剛上線的年輕同仁還沒累積足夠經驗，必然會有各種突發的失誤，而很多時候我們討論客訴，往往把重點放在如何安撫客人情緒、優先除「錯」，卻往往忽略了客人真正想要的深層需求是什麼。我常跟同仁說，犯錯不可恥，不要一直沉溺在「我做錯了」的負面情緒中，反而要抱持「**把客人贏回來**」的決心，處理客訴反而會更順利。

我們飯店曾有位剛報到的前台同仁，值班時接待一對夫婦，客人抵達飯店時已是下午五點半，想預約晚上七點的免費接駁巴士到市區的城隍廟吃晚餐，新進同仁僅告知「預約時間已過」，當客人進一步詢問有無其他班車可搭，又被同仁回覆「抱歉，都客滿了」，兩次被直接拒絕，想當然爾客人臉上開始露出明顯不悅的神情。

一位經過大廳的主管留意到有狀況，立即請前台同仁先協助把客人的行李安置好，再邀請這對夫婦到酒吧稍坐，主管先表達歉意，誠懇傾聽客人此刻的需求。客人的需求被連番拒絕，也感覺飯店沒有誠意提出替代方案，這才動了肝火。主管當下回覆：既然飯店的接駁巴士已客滿，可以幫客人叫計程車，或由主管本人親自開車送他們前往市區，順便介紹他們造訪「在地人最愛的肉圓」。

這番話一出，原本氣沖沖的夫婦態度立刻柔和下來，笑著表示抱歉，意識到他們自己也有些情緒失控，態度一轉，「其實也不必趕在今晚去，不如明天再去城隍廟晃晃？」他們反而主動改變計畫，先留在飯店裡體驗由主管所推薦的鐵板燒料理。第二天傍晚，主管帶著這對夫婦去品嘗本地人才知道的「私房肉圓」，客人開心之餘，也非常阿莎力的續住一晚。

整個過程，並不是只有這位主管做出額外努力，房務部門也得到前台的通知，在客房服務上多用了心。客人在退房後還留下一張感謝卡片，特別表揚房務人員，因為他們平常不習慣蓋厚被，入住時把羽毛被收起來，沒想到隔天房務人員發現這個小細節，自動為他們換上薄毯。這種「見微知著」的服務，完全彌補了入住時的不愉快，這對夫婦之後多次回來新竹老爺，也跟同事們建立長久的交情，原本可能留下負評的客人被我們「贏」回來，也成為禮賓、房務兩個團隊最好的服務案例。

很多主管感嘆團隊不好帶、年輕人不好教，所謂言教不如身教，多數新進同仁會犯的錯誤，只是因為缺乏經驗、一時不知如何應對，指責不是最好的指導，主管及時介入，展現了對客人需求的理解與彈性調度，最終完美的結果也讓年輕同仁學到：**在服務業裡，拒絕永遠不是最好的答案！**

積極關心，效果遠大於消極應對

某個除夕夜傍晚，一對攜家帶眷的夫婦開車入住新竹老爺，他們晚上要外出用餐，在大廳等著現場同仁代為取車，結果卻因為機械車位設備故障而苦等了四十分鐘，當主管上前致歉時，正在氣頭上的客人不願意讓我們提供計程車服務，而是選擇自行開車離去，現場同仁面面相覷——這下糟了，壞了客人過節的心情。

後來過了午夜客人仍未返回飯店，值班主管特地交代大夜班同仁：「客人可能對我們的服務不滿，請務必多留意關心他們的狀況。」一直到凌晨兩點，一家人微醺的回到飯店，面對大夜值班主管的關心與攙扶，還是一如之前冷漠的態度，一言不發就回房休息。

隔天一早，早班主管看到交接記錄，深感這家人在除夕夜的體驗不佳，恰巧對方也沒下樓吃早餐，於是寫了封致歉信，邀請他們中午到餐廳用餐，希望能稍作彌補，十一點主管親自到客房自我介紹並遞上致歉信，沒想到客人的態度與前一晚大不同，不但沒有翻舊帳，反而感謝飯店的貼心。

原來，他們昨晚是趕回老家與長輩吃飯，回飯店已是深夜，一家人都累壞了，而看似冷漠的丈夫，是因為幾年前的一場意外，導致聽力與言語能力受到影響，才讓人有拒人於千里之外的感覺，主管這才恍然大悟：那些我們誤以為的

「冷淡態度」，其實並不全然代表「不滿」或「客訴」。

午餐時太太開心的點了北京烤鴨，吃飯時一不小心把新裝的假牙給咬斷了，但她卻完全不在意，笑嘻嘻說下次還要來。那天之後，這家人成了新竹老爺的常客之一，十五年來每年都選在我們飯店裡過年，一家老小和同仁們都成了老朋友。

如果我們的同仁只看到「客人臉色不好」、「怒氣沖沖離去」，而不加以追蹤、關切，恐怕這段緣分早就斷在那個除夕夜。更甚者，如果同仁僅以「對方明顯很生氣，所以算了吧，等客訴時再來解決」的消極心態對待，即使隔天的主管有心處理，也很難彌補。

在內部教育訓練時年輕同仁問我：「如果看到客人情緒快爆發了，該怎麼辦？」我都會告訴他們：「不要害怕，也不要閃避。先了解情況，再想辦法解套。」很多時候，事情其實沒你想像得嚴重。「客人臉色不好」不一定代表他真的怒火中燒；而坦承飯店的不足，也不見得一定會讓客人更加指責，反而可能是獲得諒解的開始，溝通橋樑一搭起，最不開心的那道牆自然就倒了。

達人交流站

■ 吳伯良觀點 ■

讓客訴變得好處理的四大步驟

我去各地演講時最常被問到的問題就是「如何處理客訴」，這的確是從現場人員到主管善後時最頭疼的問題，面對客訴，除了每個案例要逐一解決，也得從根源找出客訴發生的原因，才是可長可久的經營之道。

以下是過往我們處理客訴的經驗與思維，提供給大家參考：

一、判斷什麼是有用的客訴：過去我常告訴同仁，我不怕客人抱怨跟我們買機票訂飯店比別人貴，但我不能接受客人抱怨我們的服務不好，因為美國運通一百多年來會賺錢，就是靠服務取勝，而不是靠著提供比別人便宜的商品。主管必須把企業經營的方向與客訴內容結合起來，認知到哪些客訴是對公司「有用」的，解決問題的當下，就等於創造提升的契機，帶來正面循環和效益。

達人交流站

二、不要讓客人的情緒從對事變成對人：客人在需要服務人員幫忙的領域，不見得有專業的理解，有些服務人員可能年輕氣盛，覺得客人不懂，便與客人爭辯起來。我常說：「與客爭辯，雖勝猶敗！」或許服務人員是出自好心，想要「導正」客人的錯誤觀念，但這也容易讓客人的情緒從「對事」的討論，變成「對人」的態度不滿，最終揮一揮衣袖帶走他的消費，你即使一時辯贏結果卻變成雙輸。

三、換人換地方，回饋要即時：當客人對某位服務人員有情緒上來時，要當機立斷請客人移駕他處、並換另一位同事或主管來溝通，一方面避免影響現場運營，另一方面多數時候客人要的只是服務人員的傾聽，新接手處理客訴的人要少說、多聽。如果自身有錯誤，安撫客戶所給出的回饋一定要有感並即時。我曾經看過有些餐廳賣場提供「下次消費可折抵多少元」的折價券作為補償，試想，客人氣都沒消，你就想要叫他

達人交流站

下次再來花錢，這無異於提油滅火，是處理客訴的大忌！

四、消弭客訴於無形：很多時候客訴是可以預期的。過去曾經有美國運通的卡友打電話進來交代：「某某小姐，我快到機場了，請妳跟航空公司講，等我一下，我馬上就到。」當然，飛機不會等人，即便我們去協調航空公司，幫客人先印出登機證、縮短登機程序，但如果時間差太多，趕不上就是趕不上，當氣急敗壞的客人急切的質問：「下班機要什麼時候？哪家航空公司還有位子？」如果服務人員一問三不知，這時才開始查機票，客人肯定火氣爆發。若是優秀的服務人員，應該早就把後續可能的替代方案準備好，讓客人可做選擇，這時客人的怒氣就會轉化為驚喜，「雖然趕不上，幸好有某小姐幫我找到備案」，不但消弭客訴於無形，也能成為建立顧客忠誠度的基石。

⑥ 從導盲犬到考生專案：零成本的教育訓練

開門做生意難免會遇到各式各樣特殊需求，許多企業會以「在成本內解決」作為執行標準，因為「不常發生、也不會帶來利潤」，但在新竹老爺，我們的想法恰恰相反——**把每一個少見的案例當作內部培訓的好機會！**雖然從單一個案來看利潤有限，但能讓團隊成長，是一種價值更高的學習機會。

我們常會針對特殊房客開啟小型的學習專案，像是某次房務主管在例行晨會時提到：「周六將有位攜帶導盲犬的女性房客入住。」對飯店業來說，各部門在會議後立即分工是既定流程，但要讓團隊啟動學習的心態，必須由主管進行發動。我的做法是「小題大作」，把自願參與及適合學習的同仁召集起來成立小組，從對導盲犬的基本認知，到住宿上特殊安排、進出動線等，由小組來進行討論與準備。

小組同仁們主動聯繫台灣導盲犬協會，熟讀對待導盲犬的「三不原則」：不餵食、不干擾、不拒絕。透過團體討論，細想如何降低對其他住客的影響；小組中有位愛狗的同仁申請調班負責接待，最終客人從入住到退房進行得相當順利，導盲犬和女房客都感到舒適自在。

雖然投入大量人力，從成本角度來看並不划算，但集體學習導盲犬的習性、與視障客人互動的方式，更重要的是，讓同仁主動思考「如何兼顧一般住客與特殊住客的執行細節」，這些經驗記錄都成為團隊的資產。之後我們又接待更多來台灣參加身心障礙運動會的運動員，相關的經驗果然都能派上用場。

透過專案創造感動體驗、提升團隊韌性

「特殊需求」其實不限於上述看似偶發的案例，有一些每年都會固定進行的專案，也有許多值得內部學習的地方。新竹老爺因地利之便，在每年三、四月會

固定接待報考清大、交大研究所的考生們，對於這些舟車勞頓、辛苦備考的學子，我們每年都會想出新的「考生專案」，方便他們入住後專心備考。

考生方案提供了彈性的入住與退房時間、事先準備考場地圖及御守，期間餐廳會提早開放，或直接做成早餐盒方便考生享用，針對陪考的父母，還提供SPA的特殊優惠，讓望子女成龍成鳳的緊繃心情能得到暫時舒緩。甚至有考生需要飯店提供交通車，接送到新竹光復路上著名的土地公廟求平安符，我們也提供滿足。

我曾經碰過一個考上研究所的考生，後來順利畢業進入竹科工作，在職場上一路晉升成業務主管，當他帶著國內外客戶再回到飯店時，忍不住和我們的同仁大聊「當年住考生專案，發現房間裡默默被多放了礦泉水與面紙的貼心感動」，十幾年後，這位早已獨當一面的科技精英，依然對當時房務阿姨貼心照顧的細節念念不忘。

對我而言，「特殊個案比較麻煩」，絕不代表該被忽略，而是要看到背後的好處：有麻煩，更值得學習！順利結案後，同事一起在例行會議分享心得，並把經驗列入未來 SOP 做為流程補充。正是這些平常碰不到的個案，塑造出團隊對處理突發事件的韌性，員工也能從中得到成就感。

Z世代員工最在意的事、討厭的事

飯店業是「人力通膨」問題下的重災區，老爺集團的員工流動率跟同業比起來算低，雖然與過往相比也在逐年增加，不過新竹老爺相較之下的確有不少資深同仁，許多同業都好奇我們如何留才。按照刻板印象，許多人可能會覺得是老爺集團保有類似日本企業「照顧員工」的管理文化，但我觀察，最主要的原因其實是「員工對於成長要有感」，他們在這個環境能充電、持續學到新東西；更重要的是，自我價值感高，當員工多數時間覺得自己的工作有價值，這就會是他們願意長期留在一家公司的動機。

留才，其實沒什麼秘密絕招，我認為管理層可把力氣放在三個地方，薪資當然是最關鍵的因素，資方一定要有台灣人力成本未來將越來越高的認知，即使透過移工教育、引入外籍勞動力能稍微緩解缺工壓力，但仍無法完全補足缺口，尤其對本地勞工來說，薪資本來就是評估工作的首要因素。

薪資、學習環境、晉升管道，是員工是否願意長久待在一家公司的三大基礎要素，這三者至少要有其中一項符合期待才能留得住人。假設沒有學習機會、晉升管道受限，但薪資高，員工看在錢的份上可能會留下來；如果薪資不算高，但眼下可以累積有意義的經驗、為自己的能力加值，考慮未來性便會暫時留下來；最後一種是，當前的待遇普通、學習機會貧乏，但是晉升管道通暢、很容易因升職而加薪，多少也能成為讓員工願意留下的因素。

如果三個基本的關鍵都能盡量兼顧，再來就是工作環境是否足夠友善。團隊氛圍，是我在管理團隊時下最大功夫的部分，現在Z世代的員工不喜歡太過複雜的人際關係壓力，組織內的小圈圈、派系文化尤其讓他們反感，團隊領導者要將這類的壓力降到最低。有些企業的文化比較傳統，舉辦內部活動的時候習慣性都要「寓教於樂」，放進太多生硬、老派的組織教條，反而容易引起年輕員工的反感和白眼。

我個人奉行「用力工作、用力玩」的原則，要讓團隊有向心力，首先要好玩。所有內部活動的目的只有一個：讓大家一起樂意去做一件事，透過這種跳脫日常工作的機會，重新team building，不論是組建龍舟隊參加比賽、帶主管騎車環島，都要想辦法創造讓參與者全力投入的環境，而不只是虛應故事的勉強參與。碰到中秋節烤肉，我都會鼓勵所有主管（包括我自己在內）烤肉給基層員工享用，小小的動作就能讓年輕員工感受到你的誠意。

達人交流站

吳伯良觀點

認同感，有如團隊的黏著劑

撰寫本書這一年，正好我常應邀去餐飲業演講，我想大家都知這餐飲業目前最大的挑戰是缺工。有位餐飲集團的經營者告訴我，現在的年輕人考量工作時，看的不是遠程的目標，更在意的是當下的待遇福利，甚至是對公司的情感層面，所以他的留人策略，例如給予二〇%的員工認股、公司財務透明化。他們的教育訓練多元而精采，像是找專家來分享理財課程、幫助員工建立個人財務管理的好習慣等等，都是為了讓員工感覺「有學到東西」。

其實企業留才沒有捷徑，除了砸錢加福利的短期做法，還得從兩個基本功做起：

達人交流站

對外，要建立起外界對於這家企業清晰的品牌辨識，讓組織內部有共同的目標，很多企業會稱為 mission statement（企業使命），聽起來八股，但若肯花功夫日復一日把基本功打磨好，認同這家企業的願景與使命的員工自然會留下來。對內，要讓員工擁有共同的語言。很多大企業都會有「社訓」，我相信多數人都認為這些只是在員工手冊看到的標語，對工作現場來說沒有意義，卻沒想過，如果真的毫無意義，為何五百強企業多數仍會做這種宣示式語言？很簡單，恰恰是只有每天一起工作的同事才懂的文化與故事，才能形成一個具有黏著力的群體，讓員工對企業有情感上的繫絆。

我常掛在嘴邊的：「員工第一，客戶第二」、「有幸福的員工，才有快樂的顧客」，很多人剛聽也會覺得不過是個好聽的口號，但當你天天講、天天做，員工看在眼裡，他們會開始相信老闆是認真的，從而在工作中得到有感的幸福感，這才是留才的核心關鍵。

⑦從洞察到創造需求：搞定VVIP的精準打擊

服務業都對VVIP客戶又愛又恨，消費力一人抵十人，抓牢了業績不愁；但這類客人往往都有極嚴格的要求，這也讓許多服務人員視為畏途。我常跟同事做心理建設，**服務業是人的行業，不論任何階層的客人一定都會有各自的「底層需求」，我們要做的是針對需求「精準打擊」**，替他解決問題、免卻煩惱，即便是「VVIP」的貴賓，也未必就難搞，要花的力氣也不見得比對應一般客人多。

大老闆們的小故事

在我們的VVIP中，有一位科技業「教父級」人物，從開業以來就是新竹老爺的常客，他以行事嚴謹著稱，行程時間被精確安排到以分鐘計，每回宴請顧客與合作夥伴，只會停留一個半小時，於是整場餐敘的節奏，從前菜、主菜到甜點，都必須精確計算出菜時間——若是超時，會干擾到他後續的行程；若是提前上甜點，則會破壞他在席間的交流氛圍。

二十多年來，我們的餐飲部門同仁很熟悉這位VVIP的宴會流程，但每次接待仍會重新檢視所有流程，讓上菜順序兼顧速度，也讓所有賓客吃得盡興；最後的甜點也要算準時間，傳達「已到離席時刻」的訊號，讓教父可以準時在一個半小時內完美結束餐敘。正因為我們在時間與出菜流程的控制讓他滿意，多年來他也習慣在新竹老爺宴請賓客。

另一位護國神山級的大老闆，則是另一種類型的VVIP，他個性低調，不喜歡一進飯店就被一群人「X董好」的列隊歡迎，我們主管級同事都知道他的習慣，只要這位董事長來，就要「跑去躲」，好讓董事長自在的穿梭走動。

X董多年來的生日都在新竹老爺度過，每年我們都會幫他準備生日蛋糕，而

X董對自己的身材管理也如同經營事業一般嚴守紀律，這麼多年來，蛋糕永遠只吃一口，他說：「太太說我不能吃糖，象徵性吃一口就好。」我們的同仁知道後，特別跟烘焙房的師傅商量，曾在X董生日時做了一盒低糖巧克力祝他生日快樂，後來他的特助特別來致謝：「老闆這次總算不只吃一口了，這盒低糖巧克力讓他吃得好開心！」

還有一位科技業的顯赫人物，早年嗜酒，但因為健康因素動過手術必須戒酒，某次他的公司在新竹老爺舉辦宴會，這位老闆因「酒豪」聲名在外，也不希望外人知道他的身體狀況，我們餐飲部門的同仁主動而低調的將酒換成礦泉水或茶，讓這位老闆不露聲色照常優雅舉杯應酬。從此客人對我們無比信任，每年的尾牙或春酒都選在新竹老爺舉辦。

這些小故事，其實也正代表一般人提到VVIP時最大的迷思：大家都想賺有錢人的錢，以為有錢人就需要多如牛毛的特別照顧，其實不管是不是有錢人，基本上每位客人來消費，難免都希望得到特別的對待，但這份「特別」並不是靠龐大的人力堆砌，而是在對方最在意之處，提供專業而不失細膩的處理。若我們盲目的把服務理所當然理解為「越多越好」，反而可能失焦，忽略了客人真正的核心需求，結果事倍功半。

客人情義相挺：幫忙衝業績！

如果客人的需求不像前述幾位大老闆如此明確，我們該如何找到 VVIP 們最精準的需求？這方面可以向頂尖的業務高手學習——厲害的業務員，都很懂得客戶關係管理，能建立起與客戶長期互動的習慣，只要聯繫不斷，當客人碰到困難而你又恰巧能幫他解決難題，往往就是建立信任的開始，進而贏得對方長久的忠誠。

有位在世界各地頻繁出差的客人，某天同事突然收到他從北京發來的訊息，先是打上了一連串的「感謝」與「不好意思」，然後解釋說他清晨醒來，突然想起太太曾叮囑，父親節前要預約新竹老爺餐廳的包廂，準備讓兩家人一同聚餐，但他近期飛來飛去忙著出差一時忘了，一想起已經是父親節的前一晚，若沒訂到包廂，不僅岳父母與兄弟姐妹全都白跑一趟，還怕老婆大人翻臉。

雖然此時已是這位同仁下班後的時間，但他看到訊息後還是立刻幫客人查詢，結果發現：「沒問題，我們訂位系統中還有一間包廂可供您使用。」即時的回覆，果然讓客人大大鬆了一口氣！更貼心的是，無須特別交代，我們同事記得客人的父親最愛現榨西瓜汁，當天宴席開始前便端上清涼的果汁，老爺子笑開懷，全家人也都大呼貼心。

聚餐結束後，客人又飛往他地出差，隔海發了多條訊息向同仁道謝。此後，只要他人在台灣休假，就會熱情的傳訊息問我們：「最近飯店有沒有什麼新菜色、新活動？需要我幫你們衝點業績嗎？」雙方的互動也從服務客人升級到朋友之間「隨時相挺」。

同仁僅僅是多做了兩個動作：打回飯店查詢是否有包廂、叮囑餐廳前場要準備西瓜汁，其實沒有多花太多時間與人力，就讓客人覺得被記住、被照顧，原本只在固定節假日上門的顧客，此後轉變成「只要有空就會來消費」，從「輕度粉絲」升級為「品牌代言人」，實在是太值得了！

這些「VIP 中的 VIP」，並不一定會提出多麼刁鑽的要求，而是這群客人對於「專業」與「體貼」有更精準的期待，他們對服務的容錯率會比一般客人來得更小，但若能將這份期待變成現實，VVIP 同樣也會成為你的忠誠顧客，雙方信任建立之後無須多費唇舌說服他來消費，這便是「服務的精準打擊」最迷人之處。

達人交流站

吳伯良觀點

客戶管理三部曲

有些公司會花時間建立會員制度，可是除了給消費者折扣以外，不知道還能做些什麼。然而，給折扣所建立的關係容易變心，只要別人給的比你便宜，客人就跑掉了。我常說，會員經營要有三部曲：know your customer（認識你的客戶）、build up the relationship（建立關係），以及 drive the result（導向結果）。

首先是「know your customer」。先了解客戶的樣貌輪廓，像是年齡、性別、北中南分布的比例等，以及客戶的喜好是什麼，像是喜歡在什麼季節、什麼情境下消費。在剛開始的階段，可以從詢問客人使用產品後的體驗開始，並在詢問喜好時順便了解目標消費者的樣貌，又或是客服人員在回答

達人交流站

消費者提問時，記得多詢問客人使用客服後的回饋，同時記錄上述資料。

接著「build up the relationship」，建立關係需要長時間的累積，但也是最重要的一環。很多企業的做法是有活動或打折時通知客人，然後逢年過節再寄個生日快樂、聖誕快樂等訊息。只有停留在這個階段的做法，在我看來很可惜，不妨多想一層——既然你已經是我的會員，我是不是能再提供更多獨家的訊息給你？像珠寶、皮包這些奢侈品，常常會提早將新產品的消息透漏給會員，讓會員可以提早購買、搶先開箱，卻不是提供折扣。

一樣的邏輯套用到餐廳，推出新菜色時就可以優先通知會員，讓會員有搶先訂位、提早享受新菜色的機會。客人造訪時更可當面詢問對新菜色的看法、收集意見回饋，不僅可以與客人建立更緊密的關係，還能根據客戶回饋在上市前重新調整產品。又或是舉辦會員獨有的活動，像微風百貨舉辦的微風之夜，當晚就只有會員可以進來消費，可以帶給會員們獨特的

達人交流站

尊榮感。這樣的做法並非是奢侈品牌才能做到，舉例來說餐廳也可以提供會員日的限定料理，或是會員日吃到飽等設計，都是可以嘗試的方向。

更深一層的思考是，一定要有消費機會，才能聯繫會員嗎？疫情爆發的那兩年，美國運通的許多客戶沒有機會使用到我們的服務，但我還是請服務人員主動關心客人，像是提供施打疫苗的訊息、年齡達到幾歲可以施打、口罩哪些地方比較好買到等實用資訊。三不五時與會員保持聯繫，會員雖然當下用不到那張黑卡，但是他們能時時感受到我們無微不至的關心，才不至於因為疫情讓客戶關係產生斷層。

最後才是「drive the result」。很多人建立了會員制，就想要立刻看到變現的成果，但客戶經營是文火慢燉，需要長期累積把前兩個步驟做好，讓顧客感受到身為會員的尊榮、優越感，會員們就會成為你的行銷大使，將好口碑自然而然傳出去。

⑧讓人類去做ＡＩ機器人做不到的事

我相信大家都有發現，現在一進餐廳，無論規模大小，幾乎有七八成會用到掃碼點餐。服務業大量引入掃碼點餐、機器人送餐，ＡＩ整合到 CRM 系統也是大勢所趨，有些人視為是缺工問題的解方，但也有人害怕人力服務的價值被取代，我們飯店業是人力密集行業的典型代表，因而，該如何運用科技、解決人手不足的壓力，同時又能保留顧客需要的服務溫度，是大家都很關心的議題。

在我看來，我認為服務的核心是無法被取代的，即便ＡＩ跟機器人可以取代重複性的勞務、提供更精準的資訊，顧客仍然期待人與人之間的互動，新世代的服務業必須升級，但不是一刀切的用機器取代人力，而是要讓團隊能力升級，去處理ＡＩ跟機器人做不到的事。

舉例來說，很多五星級飯店都強調「管家服務」，把專人貼身、一對一的極致照顧當作是一種「升級服務」，但在新竹老爺，我們從不強調專人的「管家服務」，只是不斷訓練員工都能具備「管家思維」：也就是發揮「雞婆文化」，把客人的小事當成自己的大事，我們相信人人皆可化身管家，在細微處為客人創造暖心的體驗。

一般飯店通常會畫下一條「服務界線」，在客人在住宿期間提供某些條列範圍內的協助，但我們因商務常客多，他們隨時處在多工進行的狀態，他們碰到的問題跟觀光客不同，囊括衣食住行等各個層面，我鼓勵同事們將自己定位為客人的「私人秘書」，不論客人碰到什麼棘手難題，都能主動服務。

曾博士是新竹老爺住宿累積數百房晚的常客，他雖然已經退休，但因桃李滿天下，仍在園區的許多公司擔任顧問工作，也很習慣入住期間把工作與生活的大小事交給我們的同事小E處理。某天他在退房前、清晨七點打電話到客服中心，交代我們把一份友人請託的推薦信印出後讓他簽名，掃描轉檔並寄到對方的電子信箱，這些要在早上九點前處理完成。

曾博士只說：「檔案我寄到小E的信箱了，你們可以找她要。」同事將檔案打開，發現全是亂碼，嘗試聯絡曾博士重傳檔案卻又找不到人，所幸禮賓同事不放棄，在博士搭車離開前一刻及時找到人，建議他將原始的手寫稿簽名後交給我們，這才順利在時限之前達成任務。事後曾博士從國外打電話回來致謝，讚許我們積極主動、不輕言放棄的服務態度。

這樣的服務並不只限於正好下榻新竹老爺的房客，過去的常客，有時因為某些原因無法再次入住，我們也會幫他解決問題。工程師 Mr. H 在某年聖誕節前臨時被公司派至竹科處理機台問題，當時他家裡長輩生病住院，焦頭爛額之際沒時間提前訂房，班機要起飛前才發現新竹老爺已經客滿，緊急與他相熟的同仁聯絡。我們同仁立即幫 Mr. H 暫訂附近一家飯店、安排機場接機，並將他平時寄放在新竹老爺的私人物品送到預計下榻的飯店。隔天一早他又要趕去台中，我們也一路安排他在台灣所有的行程。

Mr. H 這次完全沒有入住新竹老爺，但從抵達到離開，整個過程他都感到「跟住在老爺也沒兩樣」，你想，當 Mr. H 下次回到台灣，會選擇住哪家飯店呢？

住一千晚的客人，要的是什麼？

這些科技業客人的需求很單純，他們通常非常自律，工程師的理工性格也反映在生活上，要的不是那些花俏、打卡炫耀的服務，而是真正能「設想在他們之前、幫他們解決問題的細節」。

疫情期間許多常客會在房內進行線上會議，房務同仁便貼心的配合作息調整客房清潔的時間，避免在不適當的時刻敲門、干擾到會議進行。有位每年入住超過一百晚的美籍客人讚美我們的房務人員：「我每天待在房間開會，你們從沒有打擾過我，還默默依照我第一次入住時要求的標準，每天補充四瓶礦泉水。」

還有位來自日本的老客人，打從新竹老爺開幕那年就入住過飯店，他熱愛台灣的芒果，因此每逢他在夏季來台入住，我們必定在客房裡幫他準備好精挑細選的愛文芒果。有一年很不巧，在他入住時碰到颱風、芒果斷貨，熟悉他習慣的房務同事還想方設法請託老家種芒果的親戚特別調貨，就是為了不想讓熱愛台灣的日本客人失望。

有一位美籍房客首次入住時向同仁提出需求，他常有右膝疼痛的困擾，之前試過針灸感覺有效，想趁此機會就近找中醫看診。我們的同仁擔心他語言不通，主動提出：「要不要我陪你去？」當天下午，同仁帶著他前往中醫診所，就在短短的來回過程中，兩人竟成無話不談的朋友。

客人感嘆說：「住過那麼多飯店，從沒有人主動表示願意帶我去看診。」從這次後客人每年都會入住新竹老爺，後來也是累積住宿數百房晚的忠誠顧客。

客服比銷售更貼近客人！

許多人誤以為這群以飯店為家的客人很難搞，或是會斤斤計較飯店回饋的各種福利，其實不然，他們真正需要的大多是那些既不需花大成本、也不用勞師動眾的服務。簡單來說，他們要的是服務人員能「讀懂」他們的潛在需求，照顧好他們在台灣的工作與生活。

我們的團隊對於老客戶從來不會有「哪些事該做、哪些不是我們的工作」的限制，竹科某家龍頭企業每年的董事會都在新竹老爺舉辦，接待來自世界各地的貴賓固然是我們的責任，但其中有些原本就住在台灣、不需入住飯店的董事，也很習慣的將他們在這段期間交通、宴客、會議等安排交給我們，不事事以「將本求利」的角度服務，換得的是二十多年來不斷上門的生意。

我的好友，也是本書的共同作者、前美國運通副總裁吳伯良，在他的前作中提到，多數企業把服務當作成本，但他總是想，為什麼服務不能是企業用來賺錢的武器？**客服比銷售更貼近客人，也更容易得到信任**。他認為只要培養團隊願意多做一步、「do one more step」，就能創造出讓客戶滿意、員工有成就感、企業獲利的正向循環，這點我完全贊同！

表面上看來，以上的服務都不是 SOP 能夠條列出員工該怎麼做，的確也超出了一般飯店對入住客人的服務範圍，我們雖然不強調特定的管家服務，但員工都知道服務的本質在「急客人所急」，幫他們解決問題，而這也是人力必須升級，去做到ＡＩ跟機器人做不到的差異化所在。

達人交流站

吳伯良觀點

AI是武器，不是主角

我曾經受邀到兩家很年輕的公司演講，員工平均年齡不到三十歲，幾個老闆也都不到四十歲，他們的商業模式很新，是一家線上律師事務所與SEO服務商，幾個合夥人從消費者的行為出發，他們看準年輕群體「凡事問網路」的消費行為，以SEO來打響品牌在網路上的知名度，把歷來個案歸建成資料庫，讓潛在消費者能搜尋參考，更貼心的是提供三十分鐘的線上法律顧問，這些做法能幫助消費者降低對於艱澀法條的心理障礙，日後有需求自然會優先考慮找他們，為後續的委託破冰。

也因為公司的特性，幾位主管與經營者詢問我的問題，也與其他企業有很大不同，他們對於服務所能創造的效應、企業該投入多少資源、

達人交流站

以及ＡＩ會對服務造成何種顛覆皆感到疑惑。同時，雖然經營者還是年輕人，對於如何帶領流動率高的Ｚ世代團隊，也有一些困惑。

我相信這兩個問題也是許多服務業共同的痛點，雖然我的年紀距離最新科技應用有點遠，但所謂「科技來自於人性」，從人的角度來思考，其實都不難找到解答。

舉個例子，我之前服務的美國運通公司，也開始導入ＡＩ，但做法並不是取代提供給會員的真人服務，而是打造ＡＩ的輔助系統，並以資料庫加以訓練，當服務人員接到客人的問題後，ＡＩ會生成一些備選的答案，服務人員根據長年對客人的了解，從中選擇最適合的建議給客人，同時也能增加服務的效率。

你或許會覺得，既然客人想知道的答案ＡＩ都可以解答，那還要真人幹嘛？如果經營者這樣想，就犯了「沒有從顧客角度思考」的錯誤。

達人交流站

試想，今天你是黑卡會員，每年交了十幾萬的年費，你能接受是冷冰冰的AI來幫你服務嗎？當每一家公司都用機器人回答問題，你又要如何創造差異性、進而收取更高的服務費用？

高價值的服務並不完全來自於提供百分百正確的資訊，更關鍵的是提供「有溫度的服務」，我們去剪髮會習慣找同一個造型師，是因為他的技術比較好嗎？其實不見得，是因為這位師傅了解你，不只是省掉從頭溝通的麻煩，還能跟你像朋友一樣的聊聊天，讓整個過程都很愉悅，有形的服務加上無形的情緒價值，才是客人期待完整的服務體驗。

AI的運用已經是不可逆的趨勢，但由人所提供的服務還是有其存在價值，甚至從更長遠的角度來看，隨著AI能做的事越來越多，「真人服務」將會是越來越稀有、也越來越貴的一項業務，這或許是另一種AI時代的新商機也未可知。

⑨員工的舉手之勞，讓業績聚沙成塔

飯店是一種綜合性的服務業態，也就是說當員工把某一項服務做好了，客人願意再回頭消費的選擇有很多，例如住房的客人因為服務好就捧場飯店內的餐廳，或餐廳的客人推薦給有需要住宿的朋友。根據過往經驗，造成這種良性結果的源頭，往往都是服務人員觀察到客人需求的細節「舉手之勞」的服務，為整個飯店帶來更多的業績。

某次前台同仁正忙著幫客人辦理退房，發現隨身行李箱上的把手壞了，這位長住客每天都要到園區工作沒時間修理，同事知道飯店附近有一家專修皮件的店家可以處理，便主動向客人提議，可以在退房後行李寄存的幾個小時空檔，幫他拿去店家送修，如此一來當客人回來搭車前往機場時，就可以拿到修好的行李箱。這位房客一聽大喜，讓他省下寶貴的時間，回國後還特意寫信表揚這位辦事機靈的同事。

敏銳發掘客人的痛點，是創造驚喜服務的第一步，看來不過是舉手之勞的小服務，只要在客人開口前提供，就先贏一半了。有時候光是主動還不夠，必須化主動為行動，用行動帶來改變，幫客人解決麻煩，修好行李把手這種小事，也能讓客戶驚呼連連、稱讚再三。

另一個舉手之勞的案例發生在下午，一位常客在二樓享用下午茶後走到三樓尋找洗手間，三樓的中餐廳「明宮」正好是休息時間、已經熄燈，一位現場巡查的同仁見到客人摸黑到廁所，主動上前開燈並詢問是否需要幫忙。客人隨口提到：「我媽明天要從南部上來，她很喜歡烤鴨，不知能不能訂一隻？」按理說明宮的烤鴨早就預訂額滿，但同仁不想讓客人的孝心落空，於是立即打電話詢問主廚是否能破例多烤一隻。主廚聽完對方「母親想吃烤鴨」的願望，二話不說便答應了。隔天客人開開心心來用餐，離開時還開玩笑說：「原本只想上廁所，沒想到意外吃到好吃的烤鴨。」

碰到麻煩，業績就來

有一次我們接待一組十位外籍客人，深夜十點才抵達飯店，他們預定隔天一早要去竹科的某家公司舉行重要的會議，辦完入住手續後就提出要求：「我們想先開個會前會，需要十人左右的會議空間，越快越好。」從他們緊迫的神情可推知，這場會前會對隔天的正式會議至關重要。

飯店前廳的小會議室只能容納四人，有些空間又太大，於是前台聯繫日本料理餐廳，詢問能否借用包廂作為臨時會議室。晚上十點正是打烊收尾、員工準備下班的時候，主廚理解客人的急迫性，便主動願意延後下班，客人在餐廳裡討論到十一點才結束。之後三天，這十位外籍主管天天都在我們的日本料理用晚餐，還特別對主廚表達謝意。

另一個同樣發生在日本料理餐廳的案例，有位五十歲左右的紳士，帶著行動不便的母親來用餐，全程他都體貼而和緩的配合母親，慢慢進食、輕聲互動，我們的年輕同仁打從心裡敬佩這天倫之情，便對這桌客人多留意幾分，看到老太太想上洗手間，這位同仁立即趨近攙扶，全程護送老太太進出洗手間。這看似不費吹灰之力的舉手之勞，卻讓客人母子倆都心生好感，往後的周末假日，他們經常會回來用餐，而且指定要這位同事提供服務。

我們常會以為要做到直擊人心的服務，必定是幫客人解決高大上的問題，其實未必，在服務現場每天的狀況都不一樣，甚至每位客人的偏好也各有不同，如何能有一致性的指引，讓現場人員有所依循？我常講兩個重點：仔細觀察細節、找出客人沒說的需求。

在某次周日晚上的一場餐會，我們的外場同事察覺到餐會主人坐立難安，看來似乎是背不舒服，這位同事不動聲色的取來一個抱枕，直接放在主人椅背後面，緩解了客人的不適，對於服務同仁無聲卻貼心的舉動，客人也轉頭給予讚許的笑容。

在這位顧客所主辦的餐會中，固定都會有一位身形高大魁武的受邀貴賓，我們的同仁在安排包廂座位時，同樣也在沒有被交辦的情形下，考量到體型較壯的客人若坐扶手椅，可能會感到狹窄不適，便主動將所有的餐椅換成無扶手款，避免這位貴賓可能發生的不適，也讓當事人與其他賓客不會有差異化的感覺。

諸如此類的服務，只要想在顧客之前，就可以達到省力又得到好評的效果，一是事先解決，避免日後產生更大的問題；二是你做到連顧客都想不到的服務，顧客會因驚喜而放大對你的好感，滿意度高，後續回購的忠誠度也自然提高。

給客戶留下深刻印象的威力是無窮的，會讓他們在下一次需要類似的服務時第一個就想到你，這位餐會主人已經在新竹老爺舉辦固定餐會長達二十年，至今仍會年年回到新竹老爺，像是我們的朋友一般。

菜單是死的，服務是活的

本書共同作者吳伯良先生常接受媒體邀請擔任服務業的「秘密客」，他常會對外場服務人員「出考題」，刻意點菜單上沒有的菜品，例如菜單裡只有現榨蘋果汁跟柳橙汁，他會問能不能點一杯蘋果紅蘿蔔綜合果菜汁？如果服務員第一時間就回他「不行」，他就會請對方去詢問一下內場主廚能不能接單，有趣的是，根據他多年來測試的結果，十之八九的主廚或內場主管都願意滿足客人的需求。下回碰到類似情況，如果服務員多跟客人委婉的說一句：「請讓我詢問一下廚房是否能夠提供。」客人的服務體驗必然會更美好。

在五星級飯店，住宿與餐飲是不分家的，自然經常會碰到客人幫我們「出考題」的情形。有一對夫妻常客並非來竹科出差，而是因為長年旅居美國、但家人都住在飯店附近，因此每年回台探親時因地利之便皆選擇住在新竹老爺，多年來他們對於飯店提供的餐飲與 SPA 等服務都讚譽有加，但某次透過客人的表揚，我們才知道十多年來他們堅持不換飯店，原來是因為一件微不足道的小事。

某次這對夫婦回台入住期間，先生的身體微恙沒有到餐廳用餐，過了用餐時間後肚子餓了，便想從 room service 的菜單裡點東西吃，先生胃口還沒恢復，不想吃大魚大肉，只想吃在美國常吃的烤乳酪三明治，客人心想這道料理並不難製作，就算廚房無法接單，問問也無妨。

我們的員工訓練沒有太多SOP，但他們都記得我常掛在嘴邊的「雞婆文化」，當天廚房得知客人身體有特殊狀況，二話不說就接受點單，當房務人員送餐時，這位先生一直說：「真是太開心了，沒想到菜單上沒有的料理，你們也能幫我變出來。」

退房結帳時這對夫婦中的太太主動問櫃檯：「我們那天晚上有點room service，但金額沒有出現在帳單上，是忘記了嗎？」服務人員說：「謝謝你們多年來選擇新竹老爺，這道餐點是我們的一點小心意，由飯店招待，希望您先生的身體能夠盡快康復」。這位太太感動極了，回國後立刻在訂房平台上幫我們留下極好的評價。這幾年，新竹出現不少更大、更新穎的五星級飯店，這對夫婦即使換一家飯店，車程也不過多出五到十分鐘，但他們每年仍持續入住新竹老爺，就是一份烤乳酪三明治帶來的力量。

達人交流站

吳伯良觀點

「歡迎回來！」培養消費默契

經營會員需要時間，文火慢燉才能建立關係。若是公司有用電話聯繫的會員的習慣，那在會員消費完後，做個welcome back call就是加深聯繫的好方法。

以我的前東家美國運通為例，我們最常做的服務是替會員安排旅遊的行程。很多旅行業把機票飯店的資料準備好給客人以後，祝客人旅途愉快就結束服務了。我們的同事則會在客人旅途結束後幾天，打通電話關心客人這次旅行得怎麼樣？客人會跟我們分享旅館如何、餐廳如何，甚至哪幾道菜必點，我們的同事也不是做表面功夫、聽聽而已，他們會記錄下來，既能擴充資訊，也能作為往後協助客人安排行程的參考。

達人交流站

聽完客人的回饋後，我們接下來還會問問客人，下次預計何時出遊？若是客人還沒有計畫，那也沒有損失；如果客人剛好想到接下來過幾個月要去美國，那就順勢問需不需要先幫忙訂機票？這麼一來，下次的消費就預定下來了。

如果不是旅行業，同樣可以有機會創造「後續的消費」，以餐飲業為例，若這次客人造訪的原因是家族聚餐，那就可以問問客人多久聚餐一次？餐廳假日的位置比較熱門，需不需要先預訂起來？也可以建議說父親節會有限定的套餐推出，需不需要幫客人預留位置？

即使客人沒有回訪的需求，我們也已經得到客人對這次服務的反饋，達成增進關係的目的，隨著每次服務，慢慢累積出彼此的信任，客人回訪的意願與頻率自然會逐漸增加。

⑩本位主義與協作文化

只要組織壯大、分工變細，就一定會產生本位主義，只關心自己的部門。其實有本位主義不全然是壞事，代表成員企圖心高、向心力強，但如太過，則會抑制團隊整體的綜效表現，對領導者來說，如何讓本位主義與協作文化相調和，讓部門之間和諧競爭也能相互合作，便是一門管理的藝術。

讓不同部門樂意協作的方法

我曾在知本老爺酒店任職期間解決過類似的問題。度假型飯店常會推出包含一泊二食的方案，餐廳為了調配座位與接待人力，會分配二到三個用餐時段，對客人的預約，飯店前台與餐廳外場的服務人員難免有各自的盤算和應對方式，前者希望按照客人的需求接單，後者則希望前台盡量疏導讓客人預約較早或較晚的冷門時段，兩個部門因此經常發生爭執。

我在得知雙方的狀況後，並沒有用裁決的方式要一方配合另一方，而是把兩邊的主管互調，讓前台與餐廳外場的主管互相到對方部門工作一段時間，之後兩位主管都能體認到各自的難處，回到原本職位後雙方討論出合理的分配計畫，從此兩個部門再也沒有發生過類似爭議。

我到新竹老爺服務後也不斷提醒部門主管，本位主義都是難免，但要降到最低，一切以客人、以飯店為考量前提。為了打破部門壁壘，我也把在知本老爺的經驗移植過來，找機會讓主管們跨部門輪調，即使是專業領域的主管，我也會讓他們有機會擔任跨部門的工作，藉此更了解其他部門的工作概況。

新竹老爺的大廳固定會有一名值班經理，負責現場第一線的調度，如果總經理不在，他就要負責做現場決策；我們的值班經理不是固定的職務，而是讓所有主管輪流擔任，即使是人資、財務這類與現場工作無關的主管，也必須穿著制服到現場輪值。你或許會以為大家會視之為畏途？但其實恰恰相反呢！專業功能型的主管，更把穿上一身筆挺制服坐鎮大廳視之為一種驕傲，久而久之，他們所擬定的各種方案也更接地氣，受到第一線員工的歡迎。

跨部門協作不僅幫助員工理解其他部門的工作，還創造了晉升機會，我們的業務部協理是餐飲部出身，歷經飯店內部門培訓後逐步晉升為主管的。其實當員工達到部門主管的層級時，專業技術已經不是絕對條件，有企圖、有同理心、願意扛責，飯店裡的每個部門都可以去歷練，也是創造流動性、留住人才的好方法。

給員工承擔責任的支援與底氣

在飯店業要做到「好服務」的標準，避免不了團隊的協作。舉個比較極端的例子，有位六十多歲的美籍工程師常客，入住期間唯一的特殊需求便是早上六點準時 morning call，前台自然也當成例行交接事項。某天早上，同仁一通又一通電話打入房內，卻一直沒人應答，客服人員直覺感到不對勁，立刻通報值班主管和安全室同仁，並通知工程部人員隨時待命。

一行人趕到客房門口，按門鈴、敲門，仍無回應，我們只好拆除反鎖的門鏈，小心翼翼進入房間。到臥室時，才發現客人只是睡得太熟，我們連喊帶搖的叫他起床，客人先是一愣，隨即鬆了口氣，原來只是前一晚宴會上喝多了，他非但沒有責怪我們，反而笑著說：「幸好有你們，不然我真會錯過今天的重要行程！」

服務業都怕被客訴，像這種「破門 morning call」對第一線同仁壓力頗大，難免會有多一事不如少一事的心態，為了避免第一線同仁猶豫不決，新竹老爺內部建立了一套標準流程：當懷疑客人可能有健康疑慮或生命危險時，至少要有兩位以上的同仁前往，一人聯繫安全室，另一人與工程部合作開門。如此一來，除了能在緊急情況下互相支援，也能確保操作過程有見證，讓同仁大可放心去做「該做的事」。

這位工程師常客每回帶著一同入住同事來到飯店，就會提起「破門 morning call」的故事，逢人便說：「住在這裡你不用擔心任何行程被耽誤，這些人寧可破門而入也會確保你安全醒來！」

另一個故事則是餐廳外場與房務部門的協作。一位年長的奶奶在咖啡廳用晚餐時，突然身體不適而提前離席，現場的服務人員觀察到了，立刻橫向聯繫通知房務同仁前往客房關心，我們得知奶奶有低血壓、低血糖問題，且未隨身攜帶藥物，準備好血壓計讓她隨時檢測，並備好細砂糖與溫水，幫助她穩定血糖。隔天早上，奶奶恢復了精神，表達感謝：「你們不只照顧了我的需求，更照顧了我的身體健康，讓身在外地的我安心不少。」

有機智的服務，就有忠誠粉絲

在服務業經常能聽到某位服務人員以個人的機智與努力，創造出令人津津樂道的傳奇故事，客人也因此成為忠誠粉絲。但如果把場景放大，尤其像飯店業這種服務類別較廣、橫跨住宿、餐飲、娛樂等項目的服務業，不能只靠一個人，更多是要靠不同部分與服務人員之間的協作，才能日復一日持續產出優質服務。

某天在明宮餐廳，有一家三代來家族聚餐，正當客人看菜單準備點菜時，小嬰兒開始哭鬧，媽媽發現是寶寶便便了，翻遍包包都找不到尿布，餐廳裡雖然沒有常備尿布，但服務人員知道房務部門都有準備，幾分鐘內就送來不同尺寸與款式的尿布，把「沒有尿布」的尷尬變成「有備而來」的貼心。

當服務人員把兩種款式、兩種尺寸的尿布拿到客人面前時，孩子的母親又驚又喜的說：「還能選嗎？這也太貼心了吧！」由於餐廳所在的樓層洗手間沒有尿布檯，服務人員臨時為媽媽安排了一間包廂，方便舒適的替寶寶換尿布，這家人結束用餐後，仍對服務人員的應對津津樂道，當然整個家族都成了不斷回訪的忠實顧客。

我常把這則故事當作示範案例與同仁分享，**一個人走百步，永遠不如一百人走一步！**或許客人在得到優質服務欣喜之餘，並不知道背後有好幾個部門同時做出努力，但要讓服務從「不可能」變成「超越期待」，靠的不是一個人的單打獨鬥，而是大家並肩作戰的成果。對企業主管而言，透過不斷的內部教育，讓員工習慣不怕麻煩，站在企業與品牌的高度去解決顧客的需求，這才是服務最堅實的底蘊。

達人交流站

向台中知名的茶飲店借鏡

吳伯良觀點

茶飲店文化是台灣的驕傲，也是服務業非常值得學習的對象，某天我偶然走進了台中一家熱門打卡的茶飲店「吃茶三千」。服務人員不僅禮貌周到，即使已經解釋過無數次，仍然耐心向我們介紹各種飲料。他們的熱情和專業給我留下了深刻印象。我們開玩笑問道是否有賣咖啡，服務人員機智的回答我已經賣完，並推薦我們試試新的茶飲。

我當時在店內見證了一個打動人心的場景：一位員工似乎達成了某項成就，店內的全體員工都為他鼓掌慶祝，也與他擊掌鼓勵。這種團隊精神和互相鼓勵的氛圍，正是服務業中最難刻意打造的。

這家茶飲店的產品價格從六〇到二〇〇元不等，考慮到價格帶，他

達人交流站

們提供的服務素質委實令人印象深刻。除了飲料本身，店家還提供精美的提袋，讓提袋本身成為吸引消費者的一個賣點。

此外，我也加入了他們的會員系統，在隔日收到對服務體驗的調查，我非常欣賞這樣的做法，給客人有時間重溫、沉澱後再對服務評價，而不是當下就被要求給予回應。

眾所周知，台中是手搖飲料的發源地，在這樣激烈的競爭環境下，我覺得他們做到了以下三點，才能脫穎而出成為名店：

一、**創造歡迎且舒適的氛圍**：無論客戶何時光顧，店面的第一印象極為關鍵。吃茶三千的工作人員充滿笑容且熱情的服務態度，即使在高峰期也讓客人擁有良好的消費體驗。

二、**重視每一次的顧客互動**：從細心的產品解說，到機智應對顧客的小玩笑，吃茶三千展現了優質的顧客互動可強化正向感受。員工的專

達人交流站

業知識、耐心解答，以及正面的態度對於建立信任和滿意度至關重要，即使是看似不重要的小互動，也可能成為顧客記憶中的亮點。

三、團隊的凝聚力與愉快的工作環境：當員工感到被重視且加入一個能互相支持的團隊，他們會自發性的提供熱情、品質好的服務。員工的滿意度和工作動力提高了，顧客來消費自然能感受到。

⑪ 儀式感，創造客人一輩子的記憶點

各位住飯店一定有過類似的經驗：一開門，茶几上已經放著迎賓水果或小餅乾，附帶一張總經理署名的卡片，新竹老爺也不例外。我擔任總經理已有十五年，寫過數萬張卡片，而除了入住時的簽名問候卡片，我個人還有一個持續多年的習慣：寫給客人的生日賀卡。

新竹老爺酒店有一個固定傳統，當禮賓接待人員在客人訂房或入住 check-in 時，只要發現在這段期間會遇到客人的生日，不論是本人或同行的住客，總經理一定會親手寫一張生日祝賀卡，並在住宿期間送上生日蛋糕。

我因為個人興趣，長年培養以鋼筆練字的習慣，日常筆記與批示公文皆用鋼筆手寫，也因為要寫卡片給客人，成為我多年來練字的動力之一。雖然手寫卡片

的數量很龐大，但我仍自我要求、堅持下來。字美不美是一回事，但我總想讓客人收到卡片時，能感受到寫者的用心與誠心。

由於是行之有年的傳統，一些每年都會回到飯店來過生日、結婚紀念日等重要節日的老客人都會記得，之前還發生過一件趣事：有位熟客的生日與結婚紀念日都在同一個月，但某一年同事只通知我要寫結婚紀念日的賀卡，卻漏了生日卡，沒想到客人真的記得，餐會後跟我們的禮賓同事說：「每年生日都會收到陳總經理親手寫的卡片，今年沒收到，感覺有點小惆悵啊！」我當然立即補上，但從這件小故事可以發現，我們所做的所有小事，只要當初創造的驚喜仍在，客人都記得、也都知道，他們會用長期的支持來回報。

「爲你設想」變成服務 DNA

常客的相關資訊都會輸入資料庫，處理起來相對單純，但有些第一次入住的客人，我們的禮賓同仁就必須特別留意入住期間有沒有碰到生日或紀念日，這必須要經過訓練，成為每位禮賓同仁內建的 DNA，不需特別交代或監督就能辦到。

某一年聖誕節前夕的周五，禮賓同仁幫一位看來文靜沉默的年輕女性客人辦理入住手續，也發現當天就是客人的生日，除了先小聲的祝她生日快樂（只要涉及客人個資隱私，在未知其喜好前，都不宜讓他人知道），也趁機詢問哪個時段方便讓我們送上祝賀的生日蛋糕、有什麼喜歡的口味。

當時這位年輕的女孩只是淡淡的回應「都可以」，同事還想，會不會其實客人沒有過生日的習慣。令人意外的是，隔天退房時，客人在飯店的意見表上特別表揚了我們的同仁，她說因為家人都在美國、沒辦法陪她過二十歲的生日，謝謝我們記得她的生日，也很高興飯店人員貼心的安排。

每天接待不同的客人，是飯店業從業人員最有趣、也最有成就感之處，當同事告訴我這位女孩的故事，知道她隻身在外，生日當天沒有人陪在身邊，而我們的小舉動能夠帶給她一點點慰藉，讓我對於這麼多年來堅持寫卡片、送蛋糕，從這些每天都在做的例行小事中感到滿滿的成就感。

除了我手寫的卡片，對於每年固定造訪的常客，我們的客戶關係經理也會定期發送電子郵件問候近況。有一位每年準時報到的常客，有一次突然在抵達前一晚取消訂房，對飯店來說客人取消訂房稀鬆平常，標準流程是寫封電子郵件表達慰問之意，並期待客人的下次到訪。但對我們來說，光做到這個程度是不夠的，我們的同仁總是會基於與客人間多年的情誼，想多做一點讓客人感受到我們真誠的關心與問候。

在得知客人是因為身體不適取消預定的出差行程，經理便召集與這位客人相熟的同仁們，把他十多年來在新竹老爺留下的照片蒐集起來，做成一張圖文並茂的大卡片，同時附上客人每回入住最愛吃的鳳梨酥，祝福客人早日康復，托其他來參加會議的同事回國時帶給這位老顧客。

客人收到卡片與禮物後高興極了，特地打電話來飯店致謝，日後我們當然也仍舊每年接待這位客人回來入住。但這個故事還沒結束，就在事情發生的六年後，我們接到了這位常客的助理發來電子郵件，信中說，客人至今仍記得在他生病的時候，我們當年送出那張讓他感到極為暖心的大卡片，也說起這麼多年來台灣這麼多趟，唯有新竹老爺像家人般會幫他把這些紀錄留存。他的助理請我們幫忙，是否可以將那些照片提供一份電子檔給他，也成為客人職業生涯的寶貴紀錄。

這類由同仁自動自發表達的儀式感並非個案，在我們的服務案例中有好多。

有一位來自日本的常客在飯店已住了四百多個房晚，他在飯店的行程極其規律，每天早上八點半出發的交通車，他總在八點十五分就出現在大廳等候。有一天客人八點半才匆忙出現，戴著大大的白口罩，我們同事發現他眼中血絲明顯，似乎身體不適，後來同仁們商量，不如寫張簡單的日文小卡，畫些鼓勵圖案幫他打氣。

隔天客人依然戴著口罩候車，這時同事默默遞上手繪的「加油卡」，即使戴著口罩，同事們依然能感受到客人眼中透出的笑意。他離開台灣時客人留下感謝信，並特地到大型旅遊網路平台寫下極高評價，讓更多人知道他所感受到「家人般的關懷」。

很多企業覺得一些制式的祝福、問候都是例行公事，通常得不到客人的回應，卻要花費人力執行，感覺是很「雞肋」的投入，但關鍵正在於「堅持投入」，願意長期執行，到了某個時間點客人自然會感受到你的誠意，客人的好感，往往會帶來更棒的回報。

前面提過，我們的常客有很高比例是來自各國的工程師，這些離家好幾個月來竹科協助客戶裝機的外籍專家們，也多少會有思鄉之情。有一位美籍工程師背景特殊，他在越南度過童年時光，越戰後才到美國，我們的資深同仁都知道，這位客人有個二十多年從未改變的習慣：每天抽六根菸，外加三瓶玻璃瓶裝的可口可樂。

某次同仁發現，這位工程師在吸煙區百無聊賴的抽菸，手上少了熟悉的瓶裝可口可樂，同事關心上前詢問，原來玻璃瓶裝的可樂碰到供貨調度問題，附近超市和對面超商都缺貨，雖然客人只是笑笑的說「我下班後再找找看」，但這位同仁還是將此事放在心上，跑到離飯店較遠但規模更大的超市，買了六瓶回來，連同裝滿冰塊的冰桶一起送到客房。

傍晚客人下班返回房間，看到久違的瓶裝可樂開心極了。他專程下樓到服務中心，先用中文對同仁道謝，又用英文娓娓道來堅持喝瓶裝可樂的原因：在越南的童年時期跟兄弟姐妹一起喝可樂，是極難得又珍貴的回憶，隨後一家人因為戰火被迫分離，他又輾轉到美國，幾十年過去了，玻璃瓶裝的可口可樂經典造型從沒變過，對他來說，這熟悉的味道是他默默懷念家人的重要儀式。

此後只要知道這位工程師即將入住，服務中心都會事先詢問附近超市是否有足夠存貨，我們也和附近幾家連鎖超市建立默契，請他們將這些我們有特殊需求的商品納入貨架清單。我常與同事分享，「飯店賣的產品不是客房，而是客人入住期間的體驗」，六瓶放在冰桶的玻璃瓶裝可口可樂沒有多少錢，但滿足一位入住數百房晚客人的珍貴回憶，無價！

達人交流站

吳伯良觀點

從人性出發，小成本也能創造高價值

我在美國運通工作三十八年，對外分享過無數感動服務的故事，上課時很多學員也聽得讚嘆連連，但多少會提出疑問：「這些服務高端消費群體的方法，對我們公司有用嗎？上課所提到的理論與方法這麼多，我們又該從何開始？」

服務不分貴賤，我是真心相信這句話。雖然服務業所面對的顧客各有不同，但都有一個共同點：「提供服務的是人，買服務的也是人。」從人性出發，只要在跟客人互動時多多換位思考，把客人的小事當作自己的大事，就很容易累積出感動服務的效果。

例如，店家回應Google上的客戶評價，不外乎小編用制式的罐頭文

達人交流站

字回覆，有時會看到店家只對打五星或四星的客戶回應，或者也很常見有店家與那些給一星、二星的顧客爭論不休。我發現在我的學員之中，有一家店把回覆顧客評價當作大事，對於每一則評論都用心回答，不論顧客是給予讚美、或是一星二星的負評，每一則回覆都是就事論事，針對評論狀況去回覆，而且沒有任何一則重複，這一點我相信無論大小企業，都未必能確實做到！

這是一家台南的創意刈包店。我在演講前會瀏覽學員的名單與公司背景，再去逛逛他們的官網與社群，以了解上課學員的背景資訊。而這家專賣刈包、便當的小店，商品價格不過五十元起跳，但他們並沒有因為只收顧客五十元，就輕忽服務的價值、認定回覆顧客評價是浪費人力划不來的事。

「如何提供優質服務」是個大題目，即便我做了一輩子也很難給出一個標準答案，但就如同我常掛在嘴上的一句話：「只要有心，就有用力的地方」，只要用心做，客人的忠誠度將會給你滿滿的回饋！

⑫把倒楣事變成好事：處理失物與失誤的 SOP

很多人以為飯店業最怕的是客訴，嫌房間小、餐點難吃、服務態度不好……殊不知我們最常碰到的緊急狀況是大家以為不常發生的「尋找失物」，從航空公司掉行李、護照忘在保險箱、救命的胰島素藥物落在飛機上、吃飯掉了滿是信用卡與證件的皮夾……為了幫客人找回失物，我常笑稱同仁們都得練就柯南般的推理能力，但同時我也會向同仁強調：「當客人倒大楣的時候，正是我們展現好服務的最佳時機。」只要協助對方找回對他而言重要的物品，原本狼狽的旅途便能峰迴路轉，客人也會對我們產生長久的信任。

關於處理客人遺失物品，我們內部制定了一個簡單的 SOP：只要一接到通報，就要立刻當作最優先的處理事項，除了通知內部相關部門，同時更要聯繫外部的相關單位，像是警局、搭乘車輛的車行或航空公司。住客後續都有其他行程要走，可能在很短時間內就搭機回國或搭上高鐵前往他縣市，一旦錯失尋找的「黃金時間」，找回失物的難度將會倍增。

因為來自海外的商務客居多，他們遇到托運行李出問題的狀況也多。有一對入住超過五百房晚的美籍夫妻，某次太太獨自來台，在機場錯拿了他人行李，抵達飯店時愁容滿面。夜班主管與服務中心同仁立刻放下手邊工作，馬不停蹄搭高鐵南下台南，找到誤拿的行李完成交換，並聯繫航空公司與對方確認，短短一個下午就幫客人拿回行李，這位客人激動地致謝說：「我真不知道還有哪家飯店肯為我做到這個地步。」

對商務客來說，遺失行李或證件，造成的不僅是金錢上的損失，有可能因此毀掉整趟行程，造成工作上難以挽回的損失，也因此我們總是把「最快時間找到並親自送達」作為最高原則。有一位以色列籍商務客，退房後才驚覺護照忘在客房的保險箱裡，客人第二天就要飛離台灣，業務同仁親自開車北上，把護照送到他台北下榻的飯店，僅僅兩小時內便交到客人手上，讓原本心急如焚的客人吃下定心丸。

失物的類型千奇百怪，有位笑容爽朗的美籍常客，同仁們都親暱地叫他「麵包超人先生」。有一回收到他來信詢問：「我有一條Tiffany藍色領帶，是太太二十年前結婚時送的，意義非凡，好像兩個月前入住新竹老爺時忘在房間沒帶回來，可否幫我找找看？」經過兩個月後才想到這件事，麵包超人先生的心中肯定惶惶不安，我們房務部同仁在幾分鐘後即回覆已找到，並代為保管，會透過他近期來台出差的同事帶回，一定會讓他在結婚周年紀念前順利拿到。麵包超人先生不忘對同事們開玩笑：「千萬別讓我太太知道，我差點把她最珍貴的禮物弄丟了！」

現金、鑽石，找什麼物品都不稀奇！

我們碰過最會掉東西的客人是一位美籍F律師，先是在計程車上弄丟太太贈送的太陽眼鏡，又在高鐵上遺失放著信用卡與證件的皮夾，最後退房當天因趕會議，還落下手機充電器；短短幾天連丟三次，每回都急得團團轉。我們的同仁不斷救火，聯繫計程車隊、陪他到警局報案、還打電話給信用卡公司登記掛失，讓他專心工作，不用耗費太多心力時間在尋找失物。

F律師特別寫了一封感謝信，他說自己雖是律師，卻全然不知在海外遺失貴重物品該如何處理，多虧我們的同仁全程協助，才能在二十四小時內找回所有物品。F律師常在我們的酒吧小酌與其他旅客交流，逢人便說起這則小故事，還笑稱：「這裡能把你的倒楣事變好事！」

有一位同仁暱稱為「紅玫瑰小姐」的常客，曾把一條祖母留給她的鑽石項鍊忘在房間，當她搭上早班機飛離台灣後，房務人員才發現她的遺失物，但禮賓同仁知道她同行的其他同事晚上九點才離開飯店，便把項鍊交給她同事帶回。紅玫瑰小姐一下飛機就收到我們的訊息，連說：「感謝你們找回了這件對我意義重大的項鍊！」

除了鑽石項鍊，我們的餐廳同仁也找到過大筆的現金。一位從未在新竹老爺消費過的新客人臨時決定來明宮餐廳用餐，結帳離開後卻把裝有十多萬元現金的牛皮紙袋放在桌上。同仁收拾餐桌時發現這袋現金，雖然在資料庫中沒有客人的聯繫資訊，卻立刻想起他是用信用卡付款，主管馬上透過信用卡公司協助聯繫。一小時內客人匆匆趕回，感謝之情溢於言表，因為接到電話的同時，他正準備搭高鐵前往機場，他說我們應變的快速服務是他從未體驗過的！之後只要有聚餐或慶功宴，這位客人都會指定回到明宮餐廳捧場。

如果是貴重物品或現金，我們員工當然馬上就知道這些失物的重要性，但也有些看起來像垃圾、像是被丟棄的物品，其實對客人來說卻是同等重要的失物處理案例。

曾經有一位客人用飯店的信紙寫下對他而言非常重要的內容，但卻放在桌上沒收起來帶走，回國後想到才急匆匆地打電話回來請我們幫忙找，幸虧時間不長，我們的房務人員翻遍垃圾間幫客人找到珍貴的手稿，禮賓同仁迅速透過電子郵件傳給客人，此後房務同仁看到類似的手稿或書信，都會收起來一段時間以備不時之需。

安全網：展現家人式服務的關鍵時機

一般的失物都還好解決，最讓人捏把冷汗的是遺失影響客人健康的藥品。

某位美籍常客有一次抵達新竹老爺才發現，救命的胰島素竟落在飛機上，這對糖尿病的病人來說非同小可，接下來一周的工作行程都會大受影響。我們馬上查班機資訊、座位號碼並致電航空公司，雖然機場人員回覆「找不到」，但我們同仁不放棄，詳細說明藥品遺失的重要性，請對方務必到原座位再次翻找，果然發現胰島素被夾在座位的夾縫裡。客人中午回到房間，已看見藥品完好無損的擺在桌上，簡直樂到說不出話！他甚至利用公餘時間，特別在故宮買了一只紀念錶送給幫忙的同仁，直言這份恩情他一輩子都忘不了。

在入住期間碰到健康問題，對客人跟飯店都是「倒楣事」，但恰恰是這樣緊急的時刻，同仁長年訓練出的應變能力便能派上用場，只要客人能化險為夷，我們的同事們也都會打從心底為客人高興，這也是從事服務業最讓人有成就感的時刻。

有一位來自瑞士的常客跟同仁們感情很好，每回入住總是帶著一堆瑞士巧克力與我們分享。某回他人在客戶公司，卻突然因為心血管問題發作而倒下，被緊急送往板橋某家醫院急救，這場突如其來的病打亂了他接下來在除夕夜返國、與家人過年的計畫。人在異鄉又住在冰冷的加護病房，極度孤單無援。他跟我們聯絡後，客戶關係經理立刻在除夕當天帶著客人最愛吃的「老爺大理石巧克力蛋糕」、小卡片、鮮花和兔年小玩偶，搭高鐵趕去醫院探望。

客人見到熟悉的面孔，激動的握著同仁的手，眼淚都快流下來。他說：「看到你就好像看到家人，我真的太想在老爺好好睡一晚、吃我最愛的蛋糕。」也因為這份跨年夜裡的關懷，他對新竹老爺更是完全信任，把在台灣的所有大小事務都交給我們協助處理。

突發狀況的當下，除非客人決定馬上離開，我們會盡力把意外變成提供感心服務的契機。某次春節有一家六口客人入住圍爐，除夕當天爺爺身體不適緊急送醫，在途中老人家念念不忘「孩子們留在飯店能否好好過年」，我們同仁立刻打電話回飯店，請廚房為其他家人準備餐盒，並特地熬了熱粥送到醫院，也準備好蛋糕備用，老人家半夜退燒，醒來把我們準備的食物都吃光，總算是有驚無險。爺爺回飯店時對我們的同仁說：「這已不能算飯店服務了，你們真是把我當家人看待。」

當我們在談服務時，常會聽到象徵最高讚美的形容：「把客人當作家人」、「第二個家」，說到底這些服務並沒有一定的標準，我們只有一個原則：飯店所能提供的服務，就是客人入住期間的「安全網」，**能讓客人安心，就是好服務！**

達人交流站

■吳伯良觀點■

達不到需求，依然是團隊成長的契機

很多經營者認為「好服務只能默默做，不要太高調宣傳，萬一拉高客人的期望值，反而給自己找麻煩」，我覺得這樣的預設立場非常可惜，為了可能會發生的二％麻煩，而放棄了九八％可以刺激團隊成長的機會。

很多人擔心自己的服務會被客人挑戰，但身為團隊領導者，一定要有迎向挑戰的決心。當客人的需求你一時間做不到，要追向目標、成長的過程自然非常辛苦，但是當團隊最終做到的時候，帶來的成就感也同樣巨大，所以是「痛跟快樂並存著」。

如果當下確實無法滿足顧客需求，我們也會積極提供backup plan（替代的支援方案）。舉例來說，曾經有位客人手上有很多里程數，希望可

達人交流站

以在大年初一的時候用免費點數換機票飛出國，可是過年假期是超級熱門的尖峰時段，實在無法用點數兌換機票。我們雖然沒辦法扭轉乾坤，但幫客人列出許多大年初一有機會搭上飛機的選項（當然，客人無可避免得付費）。現實上，不見得所有客人的需求我們都能神奇的達成，但重點是與客人溝通A方案為什麼行不通，但我們可以幫你達成的B、C、D方案分別是什麼，讓客人有選擇的機會、也讓客人知道我們做了哪些努力。

更重要的是，細細爬梳這些需求，也能從中檢視團隊的不足，大家一起在每一回經驗中持續成長，讓服務越變越好。有時候迎向挑戰，就會發現自己已有能力做到！

⑬ SOP框架之外、不功利的服務更值錢？

我在飯店業服務近三十年，很多人會問我：「陳總，你有什麼建立好服務的SOP可以分享？」實話說，還真的沒有，一是因為飯店開門做生意，客人來自五湖四海，再完整的SOP也沒辦法囊括所有客人的需求；再者，服務好不好在於客人的主觀感受，不是你認為做好某些步驟後，客人就一定會說好。但我覺得有一點是永恆不變、且客人一定能感受到的：只要做一件事不求回報，客人感受到發自內心的溫暖與善意，在他們心中就是獨一無二的好服務。

感動人的服務，不在員工手冊裡

某一年的父親節，有一家三代來明宮餐廳慶祝父親節，席間歡聲不斷，但外場同仁發現，氣質出眾的年輕媽媽似乎沒什麼胃口，全程都忙著照顧小孩，幾乎沒動過筷子。服務人員上前關心，是否身體不適或對菜色不合口味，年輕媽媽這才微笑解釋：「我前天吃壞肚子，腸胃不舒服，暫時沒什麼胃口……。」

我們同仁先送上一壺熱水，也同時向廚房師傅通報，主廚立刻熬製一碗綿密鮮美的魚粥請外場送上，看她慢慢舀起粥品，一口接一口地品嘗，同仁們心裡也暗暗鬆了口氣。

原以為事情就此告一段落，過了幾天收到了一封感謝函。那位年輕媽媽在信中提到，師傅煮的那碗魚粥，竟與她已故母親所做的味道一模一樣，讓她吃到懷念許久的媽媽滋味。她說，當下就好像媽媽在天之靈默默守護著自己，隔天她身體狀況也恢復正常，這碗魚粥不僅暖了她的胃，也撫慰了她的心。信裡特地感謝服務人員的細微觀察，連在場的家人都沒察覺到她的不適，卻被服務人員「一眼識破」給予貼心照顧。

節日是餐廳最忙的時候，內外場都跟打仗一樣，不出包就不錯了，內外場的同仁同時願意為客人多做一點，都是一種不求回報的心意，當你在兵荒馬亂時仍展現專業，維持水準之餘甚至提供更細緻的服務，客人的眼睛是雪亮的，也一定會看到這份貼心有多難得！如同對這位年輕媽媽，一碗熱粥，勝過整桌昂貴的佳餚！

第二個例子是發生在一場午後豪雨。來自荷蘭的文森先生，是新竹老爺多年來的常客，那天他在飯店對面超市採購完要回飯店，卻碰上大雨，一位穿著黃色雨衣、騎著機車經過的同仁剛好認出客人，自我介紹是新竹老爺的員工，請文森先生先在屋簷下避雨，等他拿傘過來。隔日清晨，文森先生特地到星巴克買了杯焦糖瑪其朵，送給「昨天下雨天幫他送傘的人」。同仁疑惑的問：「穿著雨衣，您怎麼能認出是我？」文森先生幽默的回答：「你的笑容啊，一看就知道！」

第三個案例比較特別，被服務的對象並非是飯店的客人。有位路過的媽媽在晚上抱著一兩歲大的孩子經過，她的車停在飯店附近的小路上，當天風大雨急，孩子也哭鬧不止，我們兩位同仁剛巧路過，一看這對母子的窘境，立刻上前幫忙撐傘。這位媽媽一開始推辭：「你們應該很忙吧，而且我也不是飯店住客，不好意思麻煩你們。」但同仁回道：「沒關係，孩子淋到雨會感冒，別讓他著涼最重要。」一路把母子送到停車處，事後這位媽媽在我們官網留言，反覆感謝新竹老爺員工及時伸出援手，可惜當時手忙腳亂忘記問他們的姓名，只好透過官網表達謝意。

就如同武俠小說裡的「無招勝有招」，身為經營者理當要為日常的營運建立標準與制度，但更重要的是無形的品牌、願景與成就感，我們日復一日的送往迎來，接待來自世界各地的客人，各自人生的平行線因此而有了美好的交會，在彼此的生命中留下溫暖的足跡，這是我們工作意義之所在，也是新竹老爺深耕二十六年來留下的動人篇章。

與諸君共勉。

達人交流站

吳伯良觀點

如何給員工自由發揮的空間？

隨著台灣人口老化，服務業的從業人員年齡層也越來越廣，可能從二十歲到六十歲都有。如何有效管理世代差異巨大的員工，並維持品牌一致的服務印象，是經營者的一大課題。我偏好的管理方式，是在品牌的框架下，給予員工最大的自由，保持開放的態度，以激發不同員工的創意火花。

許多服務業會透過角色扮演的方式，要求員工練習在不同情境下，按照公司規定的話術與客人互動。我認為角色扮演是訓練新員工的有效手段，然而我不建議讓員工使用統一的話術與客人應對。統一的話術，往往不符合員工平常說話的習慣，等於強迫員工照本宣科，會讓互動變得不自然。而且全部員工都機械式的講同一句話，客人聽起來也很無聊。

達人交流站

因此，我建議經營者只給員工一個大方向，盡量減少固定話術的比例，讓員工自行發揮。舉例來說，我曾經要求同事在掛電話前，要跟客人說一個 happy ending 的話語才能掛電話，例如「祝您有個美好的一天」。然而員工覺得這句話不是他的風格，所以改成「謝謝您今天來電，假如您有任何問題歡迎隨時找我，我是〇〇〇。」

每個員工說的 happy ending 不一樣，同事之間彼此也會互相交流，反過來還能提供公司新想法。

管理者需要定義的不是具體動作，而是要傳達給客人的心意，剩下的就授權給員工發揮的空間。當管理者明確定義出自己品牌的風格時，也更容易吸引到風格相似的員工進來。當管理者對待員工寬容，允許員工展現一點個人風格，員工也會給予回饋，才能讓品牌日新月異，而不是漸漸老化凋零。

2

團隊賦能

從穩定走向卓越的24堂課

員工要的不是未來，而是現在，
老闆畫大餅不如加薪來得實際。

想讓員工買單，管理者的目標與回饋就要更即時有感，
以更有趣的職場文化抓住人心。

員工具有成長型思維，願意挑戰困難的目標，
能互相激發出潛能，團隊也會越來有能量！

① 我是當了主管，才學會如何當主管

曾經有過一句讓人朗朗上口的廣告詞：「我是當了爸爸之後，才學會如何當爸爸。」把這段話中的「爸爸」改成「主管」也十分貼切，不論是在公私營組織或自行創業，少有人是天生就懂管理技能，都是從做中學，從小主管或小老闆一路往上層層破關。

美國運通是我任職的第二家公司，服務期間長達三十九年，從基層員工一路走到副總裁，大家或許會認為，像美國運通這樣歷史悠久的跨國大集團，制度一定非常完整，職涯的每個階段都會有相對應的 SOP，只要按部就班足夠努力，公司就會手把手教你如何當個好主管，一路打怪升級直到退休……那你就大錯特錯了。

台灣美國運通一九九七年在台灣發行第一張白金卡，我被任命建立一個全新的單位「旅遊暨生活休閒服務部」，負責運營白金卡會員的所有服務。接任之前我在旅遊部門服務多年，成為部門經理與其說是升遷，反倒比較像是內部創業，從無到有組建一個單位幫公司當開路先鋒，雖然有其風險，但也覺得是可以累積不同工作經驗的好機會，便義無反顧地接了下來。

全球頂級信用卡的市場在當時仍處於剛開始萌芽的階段，美國運通原本就有旅遊服務的業務（關於美國運通簡史，詳見前作），因此當年全球的白金卡會員服務內容切成兩塊，飯店、機票、旅行團等業務自己做，道路救援、緊急醫療及代訂餐廳等生活休閒秘書的服務就交給外包公司負責執行。

也就是說，在我要開始組建部門的時候，我的主管或其他已經發白金卡的地區主管，沒人可以教我什麼叫「生活休閒服務」，因為大家都一樣，碰到客人要訂餐廳、訂演唱會票，就直接將電話轉接出去。當我開始要在台灣推這張卡，要跟客人解釋到底美國運通白金卡能提供給什麼樣的服務，還要用簡單易懂的幾句話表達出來，是非常困難的事。

因此在接任之初，我就向公司申請到承接外包業務的公司 ASPIRE 去上課，他們的亞太區總部在新加坡，我就飛到新加坡上了三天課，實際觀摩他們服務客人的流程，電話如何接聽以及服務的內容，對生活休閒服務有了大致上的瞭解，回台灣後才開始組建團隊。

一開始，團隊連我一共才六個人，分別從原有的旅遊及卡務兩個部門調過來，成員各有不同的專業，所以按照過往流程，客人打電話進來由接聽同事分類，跟旅遊相關的問題轉給旅遊部門出身的同事，卡務相關的轉給原本卡務同事，大家都可發揮原本的專業。但實際的狀況卻是，一通電話要花很多時間轉來轉去，客人體驗不好；也容易發生某一段時間全部都是旅遊問題，但能處理的同事只有三位，電話一多就塞車。

不只如此，白金卡客人打來詢問的問題五花八門，除了查詢旅遊、消費等服務外，還有生活秘書與道路救援等服務，這部分的業務我們仍然是外包給

ASPIRE處理，所以當客人一通電話進線，我們得先區分不同的需求轉給不同的同事或單位，要知道這些客人是支付了信用卡市場最貴的年費，對於服務品質有更高的期待，這樣的狀況自然會導致客訴連連。

碰到以上的問題，如果你是部門主管，會如何處理？

小團隊，一站式服務最好

最簡單粗暴的解決方式：加人！既然會塞車，代表人力不夠，那就針對不同專業再各多加幾個人。新部門擔負著期待，一開始老闆一定願意挺你多給資源，要人給人要錢給錢。不過，拿到資源或許能解決眼前問題，但到了年底檢討績效時，還是要面對增加人力能否帶來相對應成果的質疑。

這幾乎是初創團隊管理者都會碰到的問題，新團隊人少事多，每天的工作都是在「打地鼠」，往往無暇思考策略。我當時的做法是提出「一站式服務」的目標，部門小人員少，專業分工劃分得太清楚必定沒效率，而且從白金卡的未來發展來看，同仁們勢必要學會全面性的技能，才能對應消費升級的顧客。所以我說服同事，長痛不如短痛，讓來自不同專業的同事互相學習，每個人都具備處理大部分問題的能力，才能讓客訴越來越少。

除此之外，解決問題的技巧也很重要，我把會員不同的需求各取一個代號，再透過同事告訴常打電話進來的會員，如果要問旅遊消費相關的事情我們同事都可以處理，但若是碰到道路救援或生活秘書的問題就可以問馬先生或陸小姐，用這種方法做初步的分類。因此，客人開口我們就知道他的需求是什麼，外包公司跟我們之間也有直通的內線，客人一通電話就可以得到想要的服務，客訴也因此大幅降低。

小團隊是管理者最好「練手」的階段，十年後回頭看，你會覺得這段每天焦頭爛額、每天「除 bug」的日子，是職涯生活中最充實的一段歲月，也是奠定團隊成員革命情感的基石，對團隊未來的成長幫助甚多。

② 讓目標 Simple & Powerful！新隊伍從新口號開始

「喊口號」常常被視為一種負面的象徵，這是因為多數口號空洞又不接地氣，員工聽了也不知道你要什麼，最後淪為無效率的虛應故事。但我認為，不論是一家小企業或一個新部門，在成立之初打造一句管理者、員工及消費者都能聽懂的口號非常重要，除了可以降低內部的溝通成本，還能進一步提高成交的可能性與客戶滿意度。

剛成立白金卡服務部這個新單位時，從第一批進來的夥伴到我自己，其實對於這項新業務都一知半解，夥伴們都很惶恐地問我：「老闆，生活休閒秘書要做什麼？到底包含了哪些服務內容，我們內部如果不先溝通清楚，到時候在客人面前答不出來一定會被罵啊！」

該如何跟會員解釋我們的服務範圍，這個問題讓我思考了很久，如果真要一項一項列出來，恐怕得編成一本手冊，客人不會有耐性看完，也無法突出美國運通白金卡的特殊之處，我想用簡單的一兩句話讓客人一聽就懂，概括我們的服務範圍，最好能夠讓整個市場眼睛一亮。當時年紀輕膽子大，便很豪氣地喊了一句口號：「只要是在地球上，只要是合法合理的，你說了，我就幫你做到！」

當初要對外打出這句口號時，內部不論是老闆或部門同仁都難免覺得「是不是口氣太大了？」，但我們的會員都是忙碌的成功人士，可能沒耐心聽你細細說明，還不如讓他們產生「試試看你們有多厲害」，進一步開啟與顧客間的互動。對同仁而言，這句口號也能讓大家迎難而上，知道我們正在做一件別人沒做過的事，正在為這個行業改寫歷史，也讓工作充滿挑戰。

把「目標」變成「口號」的方法，不僅用在團隊草創初期，無論是我把台灣團隊帶到一百多人的規模，還是被派去管理日本五百人的大團隊，我都使用同樣的方法：**想辦法把當年度要達到的目標，用最簡單的行動與字句讓員工朗朗上口**

且感到驕傲，最後都能達到很好的成果。

我在第一本書介紹過，美國運通黑卡及白金卡服務部門的 KPI（Key Performance Indicators，關鍵績效指標）不只是顧客滿意度，而是 Recommend To Friends（是否願意將此服務推薦給朋友），而且還會找第三方公司來調查數字，確保公平客觀。也因此達成每年公司要求的 RTF 目標，就成為部門非常重要的指標之一。

當台灣的頂級卡市場越來越成熟，部門也成長到一百多人時，我決定要把原本外包的生活休閒秘書拿回來自己做，但轉換的過程不免會有陣痛期，當時為了要激勵同仁達到年度 RTF 的目標，我做了幾十件 RTF 100 的T恤，送給達標的同事作為獎勵。

很多人問我什麼是「企業文化」？我都會舉以下例子：記得小時候加入童軍的經驗嗎？參與童軍活動除了能學到很多學校學不到的知識與技巧，一旦攻克了某些關卡，取得某項資格，你就能得到徽章，以及與年資相對應的圖騰，搭配上帥氣的制服，成了每個孩子都想加入童軍的動力！

類似的案例在企業中也很常見，像是老牌的星期五餐廳（TGI Fridays），服務員的制服及帽子上都別著許多徽章，在顧客眼中是一種象徵年輕活力的特色，但在星期五餐廳工作的人都知道，每一個徽章代表某一種表揚，身上掛滿徽章就是一種榮譽的象徵，也是員工自信心的來源。

同為餐飲業的星巴克也有類似的內部文化，星巴克從二〇〇三年開始就有「黑圍裙咖啡大師」的制度，鼓勵員工從知識、技術、服務三個面向精進，經過評估後給予咖啡大師的資格，可以穿上黑圍裙；而在黑圍裙之上還有更少見的咖啡色及紫色圍裙，鼓勵員工不斷升級。

我送給同仁的 RTF 100 T恤也是差不多的原理，所謂的企業文化，就是創造「只有我們才懂」的內部語言，一部分是團隊一起打過仗、有革命情感，自然而然形成，另外就是得靠主管後天利用各種機會，創造組織內與有榮焉的氣氛。原本送績優員工T恤只是代表我作為主管感謝的心意，沒想到後來變成一到週五，就會有同事穿著這件T恤來上班，自然而然的形成了內部激勵的象徵。

同樣的，在我剛到日本接管團隊時，也有幾項需要大幅扭轉的重要指標，當時我必須要在短期內把RTF的數字拉高到四十，還要把每通電話的通話時間降到三十分鐘以內。如此細節的業績指標，別說正在看這本書的你搞不清楚，就連部門的同仁也不見得記得，於是我在每次的內部大小會議，利用各種機會不厭其煩地告訴每位同仁：「大家記好了！今年我們的目標，就是40/30！」

不久後，全球的大老闆來日本巡視業務，我跟她匯報40/30這個年度目標與具體做法，會後她就不動聲色的跑去問同仁：「聽說你們有一個40/30的目標，你們知道嗎？」沒想到她問的每一位同仁，都很興奮地回應：「原來您也知道啊」，還主動解釋詳細內容，老闆非常滿意地跟我說：「我到其他市場時，每個地方跟我介紹年度目標都冗長又複雜，問員工也沒人知道，只有日本市場不一樣！」

「Simple & Powerful! Good job!」老闆興奮的對我說，此後她到各地視察業務，都把我的方法當作案例，要每個地區市場比照辦理。

③ 鯊魚團隊養成法：破框思考挑戰極限

前面提過，團隊草創初期通常都在「打地鼠」，尤其是小團隊業務分工沒辦法做到很明確，常常會碰到「撞牆期」，如果領導人沒有適時介入，有可能會造成員工總是「知難而退」而不會「迎難而上」，久而久之團隊便會處於一種消極退縮的氣氛，這也是小團隊能不能撐過存活期最重要的關鍵。

許多主管激勵員工喜歡「畫大餅」：只要大家一起拚，三到五年後一起分紅當老闆！這招或許在二三十年前還管用，但對現在的員工而言，與其給個老闆夢，不如加薪或給育嬰假來得實際得多。換言之，你想讓員工幫你拚命，給出的目標與回饋就要更即時、可見度更高才行。因為公司在意的未來，並不全然是員工追求的未來。

從當主管開始我便養成一種習慣，永遠只談今年我們要達成什麼目標，明年要做哪些事情，絕口不提未來三年、五年、十年。我自己也是基層出身，知道有些老闆畫大餅是想讓你以為跟著他能吃香喝辣，但員工反而會覺得虛偽。我希望我提出的目標都是能做到的，讓員工覺得主管「言而有信」，很真誠。

既不能畫大餅，又要員工跟你一起拚，該怎麼做呢？我的看法是：第一，身先士卒；第二，先挑難的做。兩者併在一起，就是挑戰極限。

簡單來說，我想要打造出一個有「嗜血性」的團隊，這裡說的嗜血不是鬥爭、也不是狼性，更不光是為了達成某個目標不擇手段，而是讓團隊願意挑戰難度，把破關越級打怪當作是有趣的事，久而久之，團隊便會形成一種「鯊魚文化」。當員工具有成長型思維，會願意挑戰困難的目標，過程中能夠互相激發出潛能，團隊也會越來越好。

聽起來好像天方夜譚？其實我已經用這樣的做法三十多年了，難的不是做法，而是在心態。

作為主管要如何鼓勵員工挑戰困難的任務？沒有別的撇步——前景未知的案子，你自己接，專挑員工不敢做的案子來做，主管以身作則，就是最好示範。

無法移動富士山，你還可以怎麼做？

在白金卡草創初期，服務團隊對於「哪些服務該不該接」並沒有很明確的標準，碰到疑難雜症都會來問我：「老闆，這個case能不能接？」我幾乎都會接下來，而且不會推給同仁，而是會跳下來跟大家一起完成，久而久之同事們就不會懷疑你挑戰的決心。

舉兩個早年發生過的故事為例。

有一位白金卡會員想到法國旅遊，二十多年前他就想用自駕的方式來規劃這次的旅程，除了想要我們幫他安排機票飯店租車餐廳等服務外，還要我們做出一個看似不可能的旅遊計劃：「我的這趟行程裡會經過的地方，請你們幫我找到沿路加油站，我要確保知道路途中可以到哪加油」。

如果以現代的科技來看一點都不難，打開google map就解決了，但當時可是連智慧型手機都還沒有問世、開車只能靠紙本地圖的年代，市面上能買到的法國旅遊地圖都沒有標記上加油站，客人這個問題看似無解，怎麼辦呢？

「這位客人的要求也太難了吧，要接嗎？」同仁跟我請示，我雖然也不知道解方在哪裡，還是跟同事說：「接！當然接！」

正當同事們在計算從A點到B點要多少公里，車輛的油箱容量多少，能夠跑多少公里，以這些數據開始行程規劃時，我突然想到米其林好像有出版法國的旅遊地圖，由於米其林是輪胎廠商，出版的地圖主要是給公路旅行的駕駛者，上面或許就有提供加油站的相關資訊，便想辦法張羅了一本米其林地圖，賓果！地圖上真的有加油站，同仁們把客人行程中會經過的加油站標記並附上地址電話的資料，我們順利的達成這個看似不可能的任務。

很久以前我看過一本暢銷的商管書叫《如何移動富士山》（雅言文化出版），裡面提到知名的顧問公司麥肯錫招聘新人時就會問應徵者：「請問你要如何移動富士山」，當然考官的目的並不是為了要你說出標準答案，而是從中觀察應徵者是如何思考與尋找解決問題的方法。

在職場上，尤其是對於小團隊來說，沒有強大的後勤支援，很多工作上的挑戰看來都像無解，與其糾結在問題有沒有標準答案，不如勇敢的先說 yes，之後再想辦法找解方或路徑，通常都會有意想不到的好結果。

不要太早說「不可能！」

另一個要跟各位分享的小故事，就更像「如何移動富士山」的案例了。

這也是發生在早年白金卡持卡人的案例，有一年颱風，我們有一位醫師客人住在陽明山上，可想而知狂風大雨，山區道路難免有災情，就在這時客人來電問我們：「我等會要下山到醫院緊急開刀，麻煩幫我查一下陽明山到台北市區的道路通不通？如果路不通有沒有替代道路，怎麼走比較順暢？」

當時團隊同事面面相覷，心裡不免ＯＳ：「這……這是我們能回答的嗎？你問我我問誰啊？」客人大概也知道他丟了一個不容易的任務，便跟同事多說一句：「你們老闆不是說過？在地球上只要是合法合理的事，你們都能辦到？拜託了。」

我跟同事說，不要太早跟客人說不可能，這位醫師下山是為了要救人，不論如何我們都應該幫他試試看，也算善事一件。於是就有同事馬上打電話問台北市養護工程處，同時把這件事的前因後果講清楚，對方聽到是醫師要下山開刀，也二話不說就多方幫我們查詢，很快我們就得到關於路況的清楚指引，回電給客人，達成任務。

很多人以為美國運通總部是有特權的神秘組織，我去年到中國為幾家銀行上課，打開小紅書一看，還真有很多直播主繪聲繪影的介紹黑卡傳奇案例故事，說是有一位客人在撒哈拉沙漠自駕沒油了，黑卡找來摩洛哥皇家空軍的直升機來幫他加油。當然這是一則假故事，但這類的鄉野傳奇常讓我啼笑皆非，因為在世界各地真實運作的服務故事，靠的不是特權，而是第一線服務人員鍥而不捨、努力調動手中資源尋求解方的結果罷了。

我在團隊初創的時期常常會跟同事講「沒有做不到，只有想不到」，如果我們沒想到，客人想到了就會丟問題給你，這類的問題聽起來會覺得很荒謬，那是因為我們的腦袋喜歡框架，你的潛意識會自動分類，哪些是我們的工作範圍？哪些不是？但，我們為什麼不破框思考？一旦你把自我設限的框架拿掉，開始認真找辦法，答案就漸漸浮現了。

所謂的嗜血性，我們可以理解為員工解決問題的意願與能力，其中能力是可以被訓練的，做多做久就熟練，但要提高意願就很難，因為碰到困難縮回去是人類生存的本能，主管的任務就是要鼓勵破框思考，讓每個人有意願成長，有意願去幫助更多身邊的同事。

除了身先士卒外，我還會用另外一個方法激起同仁迎難而上面對挑戰的心態。我會常常把一些在工作過程中做起來很痛苦的案例，事後用詼諧幽默的方式講出來，跟所有同事分享。

有很多事在當下做起來都是很痛苦的，在我的前作中有很多案例，像是客人為了風水一定要在跨年夜住進迪士尼三〇七號房的故事，當時我跟團隊傷腦筋了三、四個月才順利解決，過程異常煎熬，但當我在事後跟所有同事分享這則故事，大家卻都輕鬆以對哈哈大笑起來。同事們這才知道，原來潛能是可以被激發的，原來我們在不知不覺間就已經做到了某件沒有人做過的事，過去的痛苦隨著時間過去，已經成為我們茁壯的養分。

一份工作要留住人，除了薪資福利之外，最根本的是要有趣，如果每天的工作一成不變，職場環境很容易變得沉悶，有能力有企圖的同事就會想跳槽。只要主管願意一點一滴這樣做，很快的團隊就會養成像鯊魚一般的嗜血性，當同仁有解決問題的實力，「破關」就會讓人上癮，大家都會想試試看「有沒有更難一點」的挑戰。解決客人艱難的問題，同時也是幫助團隊破框思考、越級打怪的成長養分。

④ 從戰鬥小隊到建立穩定 SOP

一般來說，團隊在十人上下的規模都屬於「打地鼠」階段，一般小團隊首要任務是求生存，如果你是大公司裡的新部門，從三五個人成長到十來個人大概需要一年時間，這一年從主管到員工都是在解決現有問題，球來就打，每天跟新難題拚搏，通常沒時間想下一步的問題。

以我自己的經驗，要一年才能把團隊的日常業務大致確定下來，員工經過一年的成長，也能應付當前的業務需求，從十來個人到三、四十人的規模，則是團隊成長的第二階段，穩紮穩打要花兩年時間。這兩年主管最主要的任務有兩項，一是建立完整的標準作業流程 SOP，二是在擴大人力之前發掘優秀的同仁，拉起來做中階主管，千萬別在這兩項基本功沒練好之前就大舉擴張團隊，否則人越多越亂，團隊的業績跟士氣也很容易受到打擊。

回顧過往，我覺得三十幾個人的團隊是做起事來最過癮的階段，因為規模不大，主管可以照顧到每個人，大家每天一起打拚，很容易產生革命情感，work as a team的感覺很好，但如果你想讓團隊繼續長大，就不能事必躬親，每件事都要問你，不但主管累個半死，團隊也會經常陷入所有人等你一人空轉的窘境。

很多人問我如何挑選中階主管，尤其是近幾年職場環境不若以往，以前大家都想升官加薪，現在越來越多人只想維持工作與生活的平衡，反映到現實就是願意當責的中階主管越來越難找了。但我認為，與其等待下屬自告奮勇要扛更多責任，不如主管先擬定策略，讓優秀員工更願意接受挑戰。

什麼叫「對的人放在對的位置」？

我的第一個方法是「**把對的人放在對的位置**」，聽起來像老生常談，但實際上真正做到、做好的主管卻沒幾個，為什麼？很簡單，大多數主管理解這句話的角度，都是「後見之明」——從員工的表現「成果」來評斷，例如某某人業績特別好，是部門的金雞母，或某某人每次都能在數字上達標，主管就會理所當然地想提拔這些傑出員工，但結果往往適得其反，基層員工抱怨連連，主管反而要花更多時間去安撫跟處理，得不償失。

真正做到「把對的人放在對的位置」，要看的是以「人格特質」為主的綜合表現。

舉個例子，我有一位草創初期就加入團隊的員工，她在處理客訴上表現得特別好，仔細觀察後，我發現可能是因為她家裡做生意，從小看著長輩應對進退各種類型的客人，所以她特別擅長察言觀色，原本「氣噗噗」的客人跟她聊著聊著，就被她漸漸安撫下來。

我後來專門把困難的客訴案讓她處理，不但當事人越做越有信心，其他同事也因為她能搞定客訴而服氣，之後再把她拉起來當中階主管，所有人都很高興，因為他們知道新主管可以幫自己解決問題。

第二個方法是「**授權**」，這同樣也是每個人都知道，但不見得能做得好的觀念。真正的授權並不是把業務交給中階主管處理就沒事了，也不是戰戰兢兢在旁邊當保母，抓與放之間的拿捏在每一個組織都有不同的分寸，但有一項大原則一體適用：**授權建立在主管的擔責之下**——當成果未如預期，你作為主管，要有肩膀一起把責任扛下來。當同仁們都知道你不是遇事推諉的主管，便會有更多同仁願意站出來擔當責任。

我常說管理這門功課技巧都不難，江湖一點訣說破不值錢，難就難在改變自己與他人的心態，而改變心態之所以困難，是因為違反人性。當主管有一項基本功課，就是要時時為自己打氣加油，要保持正面與自信，面對挫折自己先洩氣，甚至發脾氣遷怒同仁，團隊氣氛很難好得起來。

從十個人成長到三四十人的這個階段，除了把中階主管拉起來強化效率外，還有一件事也非常重要，就是建立教育訓練的 SOP。因為跟之前相比人數增加兩到三倍，只有幾個人的時候同事間可以互相幫忙學習，但若是短期內要招募許多新同事，如何幫助大量新人盡快步上軌道，就不能光靠老師傅手把手教了，要不新人還沒學會，老師就先崩潰。

在草創的過程中主管大概會知道從新人到熟手需要學習的地方，所以當我開始要大量招聘外部同仁進來時，已經很清楚知道新人可能不懂奢侈品、不熟飯店、沒吃過米其林，便針對他們所欠缺的，盤點手上的資源作為教育訓練。

例如我會鼓勵對奢侈品有研究的同仁來當小老師，內部組織社團透過分享的方式共同學習；請國際頂級品牌飯店來台灣市場拜訪時，順便幫我們的同仁上課，讓同事在出國時申請這些飯店體驗增加他們的經驗值；甚至找專業的播音員來矯正同事的發音與說話方式；其他像是前輩後輩的 one on one 照顧制度、老手的業師輔導制度，都是在這個階段開始慢慢建立的規範。

很多主管在建立 SOP 時都會想成是浩大工程，好像非得花很長的時間擬定標準，要讓所有人都能按表操課，其實隨著組織逐漸走上軌道，老手對於日常業務已經有一套行為準則，我會放更多心力在新人上，用教育訓練的 SOP 快速把新人提升到一定的能力，盡快融入到團隊的日常運作，才能成為即戰力而不會拖累整體效率。

⑤要質還是量？突破成長瓶頸的管理心法

當團隊成長到三、四十個人的規模時，作為主管你會面臨更大的挑戰：人力成本急速增加，團隊能否開始賺錢，或達成公司給予的目標？簡單說就是當組織快速變大時，能不能以最快的時間看到績效，是團隊能否從三、四十人的規模繼續向上成長的關鍵。

我在美國運通組建白金卡客戶服務部時，全球各地的服務單位都是成本中心制，這個部分的主要工作就是提供好的服務給持卡人。當團隊成長到中型規模，業務量也開始激增，當時很多同事問我：「老闆，我們到底要質還是要量？到底是要花更多時間把服務品質做好，還是要爭取更多的case？」

這是第一線員工思考問題的方法，他們覺得質與量二者往往是互相違背的，要精細的做好「質」，就會花更多的時間在單一客人上；如果要衝「量」，就無暇顧及每一位客人的需求。但我卻不這麼認為，從本質來看，質與量並不衝突。

我告訴這位同事：「有差嗎？質跟量到底要選哪一個？我當然是兩個都要！」這位同事當然感到很訝異。我進一步解釋：「如果客人覺得你的服務很好，那他下次還會再來找你，你的業務量就會越來越多，兩者應該相輔相成。只要你把服務做得更好，就會有更多的客人來找你做服務。所以不應該問我質與量要哪一個，而是我能不能兩者都要。既要把服務做好，也要把業績提升。」用好的服務來帶動銷售，將服務變成公司的最佳銷售的利器。

從這段可以發現一個問題：當一家企業不賺錢，或一個組織無法進行突破，常常不是因為本身能力不好，而是它的心態有沒有隨著趨勢或組織的成長而跟著轉變。心態轉變，聽起來有點玄，簡單來說，就是你的 business model（商業模式）有沒有開始做出改變。商業模式不改、不賦予團隊更多的目標，等於是用明朝的劍砍清朝的官，在不對的方向努力，只會帶來事倍功半的結果。

客人問完資訊，卻找別人買？

當我把白金卡服務部的規模做起來之後，常常會有機會跟持卡會員交流聊天，有位會員告訴我：「你們的服務真的很好，但是我總感覺你們的服務人員好像跩跩的。」

我當然進一步問：「跩跩的？是不是我們同仁有什麼不禮貌的地方？」

客人回答：「當然不是，服務態度都很好，服務也很周到，但我感覺你們的服務人員並沒有很積極要來賺我的錢，就像是『我沒有壓力，買不買不一定要透過我。』」

當客人有這樣的感覺，其實無形中你的公司或組織就浪費了很多成交的機會。我因此做了一個大膽的改變，當時世界各地的美國運通服務部門，沒有一個主管做過。

我跟同事說：「我當然希望客人能多多利用我們的服務，服務品質很重要，但這麼辛苦做好服務，只被客人當作是資訊提供中心而已，不是很浪費嗎？這會導致一個糟糕的結果：客人可能來問你一大堆問題，你給他完整解答，結果他跑去比價跟別人買，這樣我們的服務豈不是白做工？」

「是不是可以多做一步？在結束每個案子的當下，我們既然已經透過服務推薦給客人，告訴他有什麼樣的資訊，可以買哪些的商品，有沒有可能再進一步，請他直接從我手上把這個商品買走呢？」

要改變員工心態是個困難的過程，當同仁有「我要質還是要量」的猶豫時，他其實更傾向於把手頭的工作做好，把品質顧好，最好能少接一點案子。因此，當我希望增加銷售目標，創造新的評量標準時，也示範了如何達到目標的方法，讓大家看到該怎麼作，才能把每個人過去的心態扭轉過來。我請同仁用「幫客人想好下一步」的方式來達到目標，當客人找你訂機票時，也是我們順勢賣出飯店房間的好機會。我當時就跟團隊提出一個觀念，也是我在上一本書裡提到的：「告別僕人式服務，迎向顧問式服務。」這句話背後的目的其實是：既然都服務了一半，何不全部吃下來？例如，他請你代訂機票，不要被動地等客人問：「我要訂某家飯店，請你幫我順便處理。」而是要主動問客人：「您機票訂了，飯店確認了嗎？我是不是可以幫你一併處理？」「您這趟是到巴黎，我們有位會員剛住過四季飯店，給予很高的評價，要不要也順便幫您預訂？」

Austin Time：真誠的一對一會談

我後來就給予團隊業績目標，規定每個人每週要達成多少房晚。心態或商業模式的改變，一定要伴隨著檢核標準的改變，如果沒有設定目標，同仁就不會有動力去 upsell（追加銷售）。但主管也不能蠻幹，我當初是採取漸進的轉換率來建立標準，譬如說你目前每週賣出一百張機票，我用二〇%轉化率，不要求你每一位客人都要成交，但其中有五分之一買了機票的客人願意加買飯店就算達標，每月員工就等於多出二十個房晚的業績。

就我過往的經驗，總是會有人無法達標，如何讓整個團隊都有「我們要一起達成目標」，就必須要有解決方案。我當時用的方法，一直沿用到團隊成長至將近兩百人的規模，從不間斷。我開設了一個叫「Austin Time」的內部會議，想協助在工作上碰到困難的同事，跟他們進行一對一會談。

大家可以想像到，一般員工誰會想跟老闆一對一開會啊！多數人會有心理壓力，會覺得老闆要來檢討我的業績。雖然我的目的不是責備而是討論，但這個會議帶來的心理壓力也是變相的激勵——既然知道要面對老闆，同仁會想：「我這個月業績就差三五個房晚，那我再加把勁就不用開會了！」，於是人人的成績都提升了。

但回到會議的本質，**我的重點不是要檢討員工為什麼沒有達成目標，而是透過一對一的談話，看看從我作為主管，該如何協助員工分析問題、解決問題、**

達成目標。

作為主管，給予下屬壓力是工作的一部分，但絕對不是上對下高壓式的命令，像是「你非得達到某某目標」的態度通常會帶來反效果，重點是透過會談的過程中讓他知道：「我有沒有辦法幫你改善？你需要主管給予什麼樣的資源跟支持？」

譬如我會建議某位沒有達標的同事，他手上某位客人有固定的出國需求，本來就一定會住飯店，你不如先攻破這位客人，拿到他手裡所有飯店訂單，就能幫你帶來十幾個房晚，每個月的業績就穩定很多。

一對一會談是一種溝通方式，有助於讓員工在壓力下找出解決方案。其實沒有人是不想進步的，除了員工自身的努力外，當然也需要主管給予指導，只會施壓而不會指引，不是稱職的主管。

作為主管，我也能透過 Austin Time 這樣的會議，察覺到業績無法達標背後的原因。譬如像我剛剛舉的例子，可能是某一位客人的專業需求是同仁能力不足以應付，從中發現部門或是同仁還有哪些可以進步的地方，將其納入教育訓練裡，作為主管也要想辦法創造更多的資源，讓這些同仁可以自我升級。

到底是要質還是要量？這是很多老闆都會被問到的問題，質與量對於有企圖心的主管來說，當然都要！不妨想想，該如何改變你的商業模式，更有企圖心地去爭取獲利空間的可能，把原本沒有那麼迫切需要獲利的部分，也放到獲利的目標裡面，這才是組織突破瓶頸，邁向下一階段的關鍵。

⑥即時滿足：從對立到共贏的管理法則

許多老闆想靠著畫大餅來降低離職率、讓員工更有向心力，然而，在我到各大企業上課的經驗中看到，現在的年輕工作者都不喜歡畫大餅，這已經是行不通的老招。

很多主管始終參不破這點：為什麼我花了很大的力氣，找這個人來上課，找那個人來輔導，給予你們很多對於未來的美好規劃，我很努力地花心思為你好，為什麼你們都偏偏不領情呢？

其實這樣的主管思維，恰恰是無法留住人才最重要的原因。

在過往的工作經驗裡，我認為讓同仁「有感」是最有效的留才方法。

經營員工的心，員工買單，客人才會買單

如果你今天要爭取客戶，把自家商品賣給客戶，最有效的方法是什麼？降價是個方法，客戶覺得便宜就沒有對手。除了降價之外，還有什麼方法？「我現在馬上就要，所以你馬上就能給我」，這也是客戶願意為此付出代價的原因之一，換言之，你的所有作為，都必須要讓客戶有感。

其實對待客戶跟對待員工是一樣的。我們常常在想的是「要怎麼去管理」，但如果換個角度，我今天不是要管理員工，而是想辦法要讓員工對我的想法、觀念和目標能夠「buy in」，就是讓員工買單，他自然會願意接受你的領導，認同你給他的目標，業務也才能按部就班地推進。

所以要扭轉傳統主管思維，最需要改變的就是「為你好」、「成就你」的觀念，不要再把「為你好」掛在嘴邊，而是從另外一個角度想：如果我要讓員工buy in 我的政策、我的目標，那我該把工作設計成怎樣的商品他會願意買單呢？

管理學其實就是一種人性的心理學，與其讓員工聽命辦事，不如讓他們打從心裡面就想要去做，關鍵就在「即時滿足」這四個字。

我舉一個案例。在美國運通白金卡服務部創立初期，因為我們的核心業務之一是幫客人解決旅遊的大小事，就會有很多航空公司、世界各地知名的飯店品牌，會想要來跟我們談合作。

業者來談合作的過程中介紹他們的飯店，某種程度也是幫助我們員工成長、熟悉業務範圍的一個課程，有點像我請飯店來幫我的員工上課。只不過這些拜訪常常會佔用到員工的工作、甚至是下班後的時間，我該如何讓員工自發性的 buy in，願意花時間來上課？

按照我剛剛講的傳統主管思維，可能就會想：「半島飯店多難請，東方文華多難請，這些飯店願意來幫我們上課，為什麼你們還不領情，不願意多花點時間來好好上課呢？」這種心態會產生員工跟主管對立的狀況。

所以我會換個角度來「設計」我想要員工上課的這項「商品」。首先，我會要求要來訪的飯店不能任意時間說來就來，要提早跟我們預定時間，理由是這麼難得的機會，我一定要號召多一點同仁來參加，同時也讓飯店知道，我跟同仁挪出來會談的時間都是珍貴的。

再來我會希望來拜訪的飯店，上課後可以提供住宿券當做獎品，讓來上課的員工參加抽獎。比如說某一家飯店來上課，就給我們一間房間或兩間房間的名額，然後我們讓這一天來參加課程的幾十位同事去抽，大家就會想說：「衝著有機會住好飯店的福利，我也來上上課好了。」

飯店方來找我們推廣，其實都會有相對應的行銷預算，我便順勢多加一項要求：「你要來上課，那是不是就幫我們辦一個簡單的餐敘？」這堂課便多加了一項誘因：提供美食。因為我們的合作方都是非常知名的頂級飯店，他們也不可能訂太便宜的餐食，起碼都是五星級飯店的便當，每個便當可能就價值五百元以上。

所以對我的同仁來講，我把這個教育訓練課程（可能是他們心底很抗拒的一件事）轉變成為一種即時滿足的誘因。對，參加這個課程會花你一到兩個小時，有可能會佔用到上班以外的時間，譬如說是中午或者是晚上下班後，但是你會有即時的好處，可以吃頂級便當省下一餐的餐費，還有機會可以抽到住宿券，下次出國旅行就賺到兩晚住宿費。

只要誘因夠多，大部分同仁就會有興趣參加。這就是對待員工必須像對待客戶一樣的具體作法，一旦他們願意買單，你想推行的事就容易步上軌道。

把教育訓練的課程改成讓員工可以即時滿足，久而久之，員工上課都非常積極，場場爆滿。飯店方也沒有吃虧，因為透過詳細的介紹，我們第一線同仁更了解他們的產品，在跟客人解說時能夠精準地呈現賣點，業績也不斷提高，當合作方從銷售數字上嚐到了甜頭，下次他們就願意拿出更具吸引力的獎勵，讓彼此的關係形成良性的正向循環。

一個小小的教育訓練課程，如同滾雪球般越做越大，到後來，我們不得不把所有的合作方整合起來，變成舉辦美國運通的年度商展盛事，又再從一年辦一次變成一年辦兩次，世界各地的飯店業者想參加還要付費預約，才能來跟我們的同事上課分享。

這就是即時滿足的力量，讓管理從對立走向共贏，讓組織從被動變為主動，主管要善用調動資源的能力與設計產品的思考，在導引員工的同時，也能做到短期激勵與建立長期企業文化的雙贏策略，最終創造出超乎想像的價值。

⑦三層領導力：主管的進化論

隨著團隊成長，主管最重要的任務不是自己做得好，而是如何協助他人。這也是很多主管的盲點，只會自己傻傻的一直往前衝。我在培訓中階主管時一定會上的一堂課，叫做「三層領導力的進化模型」。

第一層：技術型主管（Technical Leader）

什麼是三層領導力？我把主管的類型分成三種，第一種就是所謂的「技術型主管」，很多由基層做起的領導人，從技術型主管作為升遷的起點，因為自己的業務執行能力很強，因而被拔擢升官。譬如說你是一位 top sales，所以升上來做銷售總監便看似順理成章。

技術型主管最大的功能是幫下屬解決問題，驅動員工做到（或接近）他個人所能達成的目標，同時當下屬在工作上碰到問題，很快就能直接從主管身上得到答案。但是光這樣就能一路順遂，不斷升遷？其實未必。

管理學上有一個著名的「彼得原理」，意指當企業或政府單位的升遷制度，只選擇在本職執行力表現好的員工擢升，而不考慮選擇具備管理或策略方面的專才，長此以往大部分的高階主管僅具備某方面的專長，最終大多都無法勝任他們的職位，造成組織上充斥的做事無效率的「肥貓」，反而成為企業的冗員或負資產。

當然每一家企業都需要對於業務嫻熟的技術型主管，帶領第一線員工的日常工作，但主管本身也需要升級，因為技術型的主管有其侷限，通常只能帶領小規模的團隊，個人的經驗傳承很難被大量複製，且一個人能夠監管業務的範圍也有其極限，如果你仍處在技術型主管的階段，勢必得讓自己的管理能力強化，起碼要達到第二層人和型主管的階段，才有可能更上一層樓。

第二層：人和型主管（People-Oriented Leader）

人和型的主管的專業能力或許沒那麼強，但很懂怎麼做人，而且他知道怎麼去鼓勵員工，在團隊處於挫折的時候給予下屬資源與情緒上的支持。在大企業裡我們常可見到人和型與技術型的主管並存，人和型的主管在管理上會比較有優勢，通常團隊氣氛也會較好。當然，技術型的主管如果也能兼具人和，對公司來說就是非常值得培養的明日之星了。

人和型主管通常擅長與跟下屬打成一片，如同我前面內容提到的，他懂得把對的人放在對的位置上，讓員工樂於工作，內部的矛盾會比較少。也因為他不像技術型的主管容易執著在過往的成功經驗，容易對下屬產生「照我的方法來」的態度，也比較願意放權。

為什麼一定要學習當人和型的主管？如果你對於職場有野心，希望能夠管理更大的團隊，就必須要靠員工相挺。一個人的能力再強，能做的事情都是有限的，當組織成長到到三、四十個人，就開始需要中階主管，老闆或主管不能再靠單打獨鬥拚成長。同時員工也會思考「我跟這個老闆是不是跟對人？」如果是大家都樂於相處的主管，通常升遷之路廣闊，員工也會覺得跟著他順風順水有前途。

但是人和型的主管也會碰到極限，因為你的成績不能都只靠同事撐，必須做出「下屬做不到」的成績，長期才足以服人，也才有可能帶領更大的團隊與晉升至更高的職位，這時就必須進化到最高等級的策略型主管。

第三層：策略型主管（Strategic Leader）

第三個階段「策略型主管」與前兩者的最大不同，就是「思考」，更精確來說，是懂得用更高的視角來看局勢、下決策，像是調動手中現有資源投放到適合的地方，跨部門甚至跨企業之間的合作，對於未來趨勢的判斷等等。

從我的職涯發展來看，因為在基層待的時間夠長，大部分的業務都很熟悉，再加上我天生人和方面就很不錯，因此從當主管開始我就具備了技術型與人和型主管的特質，當時我的業師常常提醒：「你必須要多想策略！」原本我也沒有太放在心上，直到我從直屬主管身上看到，策略型主管可以為公司帶來多大的助益。

我們曾有一位主管是學霸出身，從美國非常知名的大學畢業，因為學歷傲人，一開始加入時就是比較高階的主管，雖然他對於我們實際操作的業務還不熟悉，但總是可以提供給我很多策略性思考的方向。

我們部門曾面臨市場上另一家公司的強大競爭，兩家公司都投入大量成本搶客戶，導致利潤下滑，這原本可能是兩敗俱傷的流血戰，但這位主管直接找上對方公司老闆談，「這樣削價競爭也不是辦法，特別是你們公司規模比較小，要不您考慮一下，乾脆跟我們合併，你們的管理層直接過來，大家一起把市場做得更大如何？」他熟知我方的優勢，提出對方無法拒絕的條件，對方同意後，他帶著提案說服我方高層，最終由我方併購對方，市占率變成為市場第一，而這位主管自然得以晉升、管理合併後更大的團隊。

這宗併購案，當時對我這種技術型出身的管理者而言頗為震撼，如果我是他，也只會在既有的格局裡去思考跟對手競爭的辦法，而不會去想雙贏或三贏的方法。換個角度想，如果你想要在職場上更上一層樓，想要老闆重用你，勢必也要做到人和型、技術型主管都做不到的事才行。

我常提醒主管級的同事，領導是孤獨的，授權伴隨而來的是當責，也就是說，當你升到一定的職位後，身邊會連能夠商量的人都沒有，只能靠自己不斷成長，在我職涯中帶過的主管們，我都會不斷提醒他們「要多想」，所謂的「想」是要跳脫你平常工作的本位主義與傳統思維，因為他們每天工作大部分都是見招拆招，解決問題的當下固然很有成就感，但我還是建議他們要多想一步：「假設不這樣做，我可以怎麼做？」「假如老闆來處理這件事，他會怎麼做？」經常練習換位思考，對於培養策略有很大的幫助。

技術型與人和型的主管負責解決問題，但只有策略性主管能提出「要把團隊帶往何處」的願景與目標。很多時候第一線員工抱怨「將帥無能，累死三軍」，就是因為沒人給方向，成員各自用各自的方法前進，力量既分散又沒效率，最終結果自然是累死三軍了。

策略型主管要能夠構思團隊未來的方向，並且把目標化為具體可見的數字或標語，同時用所有員工都能理解的方法，用盡各種手段讓同仁牢牢記住，去導引你的團隊往這個方向邁進，這是策略型主管必須要具備的關鍵能力。

一個成功的領導者，最終應該具備這三種類型的能力：基本的專業技術能力，能夠理解和指導團隊的工作；人和的能力，能夠建立一個健康、高效的團隊文化；以及策略性思考的能力，能夠為團隊指明方向和創造更多可能性。

在我看來，真正的領導力進化，不是從一種類型轉變為另一種類型，而是在保持原有優勢的基礎上，不斷地增加新的能力，隨著你的角色和責任的增加，不斷豐富自己的領導工具箱，技術型主管要學習關注人的需求，人和型主管要保持對基層業務的了解和對團隊成員的關懷，策略型主管則要不斷進行戰略性思考。而最優秀的領導者，往往是能夠根據不同的情境，靈活運用這三種不同類型領導力的頂級人才。

⑧ 被討厭的勇氣：突破框架的管理之道

我所領導的是一個客戶服務部門，在一般的企業裡，會把它劃歸為成本中心制的單位，也就是公司會給你預算讓你花錢，也會有相對應的 KPI 要你去達成，沒有賺錢的壓力，但你必須要用最少的成本去做到最好的績效。

這個邏輯聽起來沒問題，但我心裡總有點不服氣，為什麼客服單位不能是一個 revenue center（盈利中心）呢？我們的同仁在第一線服務客人，最了解客戶的需求，也最容易得到客戶信任，照理說是最容易賣東西給客人的單位才是。

在前面我們提過，我給同仁數字的目標，要求他們除了幫客戶代訂機票外，也一併幫客人代訂飯店，為單位創造更多的業績，其實美國運通在其他地區的服務部門，並沒有像我們一樣把自己當成盈利單位，也就是說，要求「客服中心要去賺錢」，是我給自己的目標。

爲什麼這麼小的台灣市場都能賺錢？

當我把台灣的服務部門做到賺錢，總部的老闆們看到了，回過頭來要求其他市場說：「為什麼那麼小的台灣市場都能賺錢？你們卻說不行？」用俗話來講，我就是那隻出頭鳥。當然在傳統東方文化裡出頭鳥的下場通常不太好，不過幸虧我們有很好的企業文化，我反而得到意外的知名度，其他國家的團隊都知道，台灣有一個部門主管叫 Austin，就是這傢伙把不用賺錢的單位硬是做到賺錢。

其實做主管要有不斷去接受挑戰的意願，當你去挑戰現有的框架，可能會讓你在世俗定義下不那麼受歡迎，簡單來說，你要有一點被討厭的勇氣。

就像前面說到，我把成本中心變成利潤中心，制度的改變需要員工心態及做事方式跟著轉變，短期內勢必會有一些同事不贊成，但如果你覺得這是團隊的未來，是非做不可的一件事，長期來看會把績效、士氣帶起來，也會對員工的薪資福利帶來好處，這些討厭你的同事總有一天會喜歡你。

為什麼明知不討喜也要堅持做？因為潮流持續變化，今天存在的市場，明天可能就消失了。就像我前面講到機票與飯店的業務，在旅遊業去中心化的趨勢下，這幾年來航空公司與飯店品牌都開始自己賣產品，中間的利潤也越來越差。雖然美國運通有一群講究服務品質的客戶，仍是我們堅實的護城河，但我必須提前想好下一步，當市場轉變時，我才不會落入被動，即便會引起組織陣痛也要做。

當台灣開始發行黑卡，並建立客戶關係經理團隊後，我就希望黑卡團隊能夠做新的挑戰「為什麼不直接賣旅行團呢？」我們的本業就是旅行社，既然機票飯店賺不到錢，為什麼我們不能為頂級客戶設計商品，賣極其稀缺且量身定制的高價旅行團？

這次也一樣，沒有其他市場可作為借鏡，我們要重新跟高端旅遊產品的供應商證明，台灣的消費者有他們想象不到的實力。我在前作裡提過許多黑卡的服務案例故事，其中提到的九州之星郵輪式列車，一開始對方開出極不合理的條件，要我們包下整列火車，我請所有的客戶關係經理根據手中客戶的消費偏好進行精準行銷，馬上秒殺，從此日本人再也不敢小覷台灣的實力，隔年主動提供全年的運行班表，讓我們優先選擇。

團費動輒一兩百萬的高價旅行團，成為我們客服單位另一個強勁的獲利商品。現在講來雲淡風輕，但當時要導入新業務，需要讓同仁的能力升級到可以銷售新商品，以及承擔旅行團過程中不確定性所帶來的風險，內部自然會產生「多一事不如少一事」的聲音。我們也碰過客人在旅程中因為某件事不滿意，導致必須道歉賠償；但我堅持只要權衡風險可負擔，就應該穩紮穩打花一兩年時間執行。

很多主管都有心做出改變，但卻遲遲無法跨出第一步，很大原因來自對於風險不可控，擔心「失敗了怎麼辦？」**我多年來只有一個評量標準：「這件事是不是對公司有利？是不是對員工有利？」只要答案是 yes，我就會義無反顧去做。**

「出頭鳥」看似負面，但是在職場發展裡會有個平常不會想到的好處，不論你是新創企業主或專業經理人，透過「聰明的苦幹實幹」讓業界認識你很重要，你的知名度有可能就是下一次躍起或升遷最重要的原因。

我印象非常深刻，當初公司高層派我去兼管日本市場，到任第一天日本美國運通董事會中，董事長跟所有董事成員介紹我：這位是 Austin Wu，他就是那個傢伙（He is a guy），就是他把成本中心變成利潤中心，而且還不斷的做到賺錢。台灣這麼小的市場他都可以賺錢，現在請他來日本看看如何幫我們。

在全球美國運通裡台灣一直都算小市場，但我作為一個小市場區域型主管，為什麼能去管比台灣規模大數倍的市場？更何況日本為服務業大國，一家美商派歐美主管來也就算了，竟然找一個台灣人來管？日本方面當然會有反對的聲音，但各項指標又顯示必須盡快做出改革，過往「出頭鳥」的經歷可能就是高層堅持選我去改變現況的原因。

在職場上，特別是在管理階層，「被討厭的勇氣」其實是一種我們必須要培養的能力。這不是鼓勵你去做一個讓人厭惡的管理者，而是鼓勵你有勇氣去做那些正確但可能不受歡迎的決定。

⑨破層會議：打開組織溝通的關鍵鑰匙

很多主管愛開會，我們常常聽到員工抱怨：「會議太多了，每次都議而不決，既浪費時間也沒有什麼幫助。」但有一種會議，是我在團隊不同階段都堅持一定要開，不管是三四十個人的小團隊，或是成長到一兩百人的大組織，都會想辦法把這個會議持續下去，變成每個月、甚至每兩個禮拜例行的功課之一。

這個會議就叫做破層會議（skip level meeting）。

所謂的破層，顧名思義就是「跳開層級」，也就是比較高層的領導跳開中階主管直接面對第一線員工的會議。我是從團隊四十個人左右的規模就開始實施，破層會議並不需要全員參加，我可能會隨機抽幾位同事，加入一些意見比較多的員工，導引他們在會議中暢所欲言。

會議的重點是要讓我了解第一線員工在想什麼。亞洲的企業文化比較講人情，假設會議現場有基層員工、中階主管、高階主管共同與會，通常員工不太願意講真話，大家都會礙於情面有所保留。

如果組織已經有幾位中階主管，日常業務匯報會是高階主管了解團隊運作最主要的來源，但若資訊全部都來自中階主管，會產生某種程度的失真，當組織越來越大，層級越來越多，從一層的中階主管變成兩層三層的時候，你所得到的會是被不斷篩檢後的訊息，同時多多少少都會被加以美化，久而久之高階主管就會「不接地氣」。

破層會議有一個重點，你不只要讓與會者暢所欲言，還要立刻提出回應。我開會時總是會鼓勵基層員工提出在日常工作上窒礙難行之處，但絕對不能聽了之後就擺一邊，或說會後再找其他人研究，一定要馬上針對問題在我權限範圍能做的事有哪些？如果現在做不到多久以後能做到？或這個問題之於公司是否有限制或抵觸，現階段不可能做到，但我們能從其他方面來改善？這都是召開會議的主管當下要做出的回應與溝通，否則會議的成效便會大打折扣。

簡單來說這就是「誠意」，如果領導在會議中沒有展現出來，讓與會者「揪感心」，不如不要開破層會議。

當然破層會議為高階主管帶來「親民形象」的好處，但更大的收穫是讓主管時時保持狀況內，前線同仁在打仗的時候有什麼難處，客戶端現在的主流需求是什麼，你都可以牢牢掌握，才不會官做越大卻與現實越脫節。

從我過去的經驗來看，當一個團隊成長到八十個人左右，高階主管還能方方面面都照顧到，我認為最高上限就是一百個人，在這個範圍內有心經營的主管都還可以跟團隊融為一體，也就是能夠認識每一個同仁，都叫得出名字來，彼此之間有很熟悉的親切感。但是當團隊成長到百人以上，光是要記住所有人的名字就很困難了，更遑論當你必須要管理多個團隊，甚至是不同國家、不同文化的市場時，這時如何維繫跟基層有一定的情感連結，便是高階主管非常重要的功課。

管理大型團隊時，高階主管跟第一線員工的距離也會比較遠一點，二〇一九年我開始兼管日本市場，一年中有一半的時間不在台灣，當時台灣團隊已經成長到兩百人的規模，有次在辦公室碰到從白金卡草創就加入團隊的老員工，多聊了幾句，就連這樣有著共患難革命情感的夥伴，也不免感嘆地對我說：「老闆，現在要見你一面真是越來越難了。」

讓員工認識老闆，老闆也能掌握流程實況

管理之所以難，是因為這門功課不光只是數字的呈現而已，主管更多的時間精力是花在掌握人心，當你達到一定高度的管理職，不能只是在行程表裡塞滿業務會議，還要創造機會跟第一線的員工多交流，讓他們看得見你，知道有問題不要怕，你的大門隨時敞開。

關於破層會議，我順便分享一則小故事。特斯拉的老闆馬斯克某次到旗下的一座工廠去開會，這個會議花了整整十八小時，對工廠內所有員工進行一對一面

談，每個人給他三分鐘，要在這三分鐘內告訴他手上正在進行哪些工作。

有必要這樣做嗎？特斯拉這麼大的跨國企業，像馬斯克作為公司最高負責人，從業務執行層面來看，他並不需要去知道每一位第一線員工現在在做什麼。但是我覺得這個會議有兩個正面積極的意義：

第一，他要讓所有同仁都知道「我是你們的老闆，你們什麼事情都可以告訴我」，不管是透過如同此次的 one-on-one meeting，或直接寫 email 反應，我都可以接收到你們的訊息。其次，他作為 CEO，工廠端離他很遠，對他來說可能就是一串數字而已，然而他願意花十八個小時去了解並解決生產端問題，就能加快產出速度，最終達成對外宣稱的財報目標。

我非常推薦每一位創業者及企業主善用破層會議，而且要長期、不間斷撥出時間去執行。這不僅僅是為了讓你更了解公司，也是為了讓你的員工更了解你。

⑩儲備主管課：策略型領導的實踐

當你的職位越來越高，領導的組織越來越大，作為最高主管，日常業務已經沒有太多你可以介入的事了。如果在組織成長階段，你還不斷跟中階主管及第一線同仁「搶事情做」，例如很多企業老闆本身就是優秀的業務，若公司的業績大部分還是得靠你拉進來，這對企業發展反而是一項警訊。

作為一位企業主或高階主管，你必須要思考的是：要如何幫我的中階主管分擔壓力，給資源讓他們更好做事，讓主管群更容易驅動團隊去達到整個部門、整個組織最好的業績目標？我有兩個具體的做法分享。

儲備主管課：建立主管視角，分擔壓力

當組織成長到四十個人階段，就可成立的一項內部課程。這和教育訓練不同，老闆幫員工上課，一定要有多重目的，單純的內部教育訓練交給人資部門做就好了。我開的是「儲備主管」課程，由每個部門的主管挑選他們的職務代理人或是接班人，各挑一兩個人來上課，一方面希望從中發掘可以培養的主管人選，再者也提供他們比較少接觸的「主管思維」。

表面上看這堂課是為了培育未來的中階主管，但我還有另一個隱藏的目的，是讓這群得力助手，了解他們的主管在工作上決策的背後原因，進而幫助中階主管去分擔第一線同仁所給予的壓力。

中階主管是企業的基石，也是典型的「三明治主管」，需要帶領七、八個人到十幾、二十個人不等，上面還有更高一級的部門主管，他們必須同時面臨公司給的業績壓力，同時要消化第一線同仁的情緒壓力。**這堂儲備主管課，是希望能夠培養第一線員工中表現好的佼佼者，開始從主管視角看工作，在工作中接受到**

指令時，能夠對主管的決策有更多的同理心，進而說服周邊更多的第一線同仁，理解主管的決定，並同心協力的支持與執行。

這項課程與破層會議有異曲同工之妙，因為同樣的內容如果由他們每天一起工作的主管口中說出，第一線員工未必會信服，因為彼此的距離太近了。由我這個高出他們兩三個位階的人來講，員工反而會比較認同。

上過我這一堂儲備主管課的員工，未必日後一定都會當主管，有時與能力無關，越來越多年輕員工只想把手中的事做好，取得工作與生活的平衡，不一定想「管人」。儘管如此，他們仍是公司彌足珍貴的資產，不想升職不代表不適合上課，就結果來看，這些核心的一線同仁上完課都會更體諒他們的主管，成為中階主管取得同仁支持的重要支柱。

分享人脈，提升團隊效率

作為老闆或高階主管，你還可以幫中階主管另一個忙，就是「借人脈」給他們。在關鍵時刻，主管的人脈就是部屬最好的依靠。你必須要用你長年不斷累積建立的人脈來幫助你的中階主管，在短的時間內達成目的。

我自己在當中階主管時，花了很多時間累積人脈，過往對旅行社來講最重要的合作夥伴是航空公司，因此每回有航司來公司拜訪，我的老闆一定會親自接待，但飯店就不見得了，因為全球飯店多如繁星，老闆的時間有限，我看準這是我可以累積大量人脈的機會，任何飯店業者只要願意來拜訪，我都會撥出時間跟他們見面。相識之初，大家可能都是中階主管，但隨著時間過去，這些相識於微時的朋友，後來成為各大飯店品牌的高層，因此當我成為高階主管時，這便是能夠提供給中階主管群的重要人脈。

當團隊規模擴大到一定程度，不僅要透過自己的工作成就來證明價值，更需要高層次的思考與決策來影響整個組織的發展方向，培養下一代領導者和幫助中階主管成功，通過整個團隊的成功來自我實現，才是領導力的展現。

⑪ 為什麼取悅員工這麼難？贏得信任的每日問候

穩定的組織是企業的基石，我在前作中提出「員工第一、客戶第二」的觀念，在企業演講時收到許多與會主管的認同，很多人會後來問我，他們也用過很多方法留人，想為員工創造更好的工作環境，但無奈流動率的數字就是降不下來，「我到底還能做什麼？」成為許多高階主管與企業主的心聲。

以前的年代，老員工的理念是「不要問公司能為我做什麼，而是我能為公司做什麼」的，但是Z世代的員工相反，是「先問公司能為我做什麼」。

我曾讀過一本日本商管書《向下讚美》（寫樂文化出版），書中提出了一個讓我非常認同的觀察：讚美不只是說好聽話而已，還牽涉到員工對於這位主管是否有信任感，同樣的話從不同人口中說出，員工會有截然不同的感受，一個不被信任的主管，即便想讚美員工，都會被當作「別有用心」，更遑論要達到讚美的效果。

為什麼取悅員工對傳統主管而言如此困難？試想如果你是一個嚴肅、不苟言笑、從來不在意員工交流的老闆，某天突然想要加強自己與員工的溝通，因而變得很熱情，員工當然會想：「蛤？老闆你吃錯藥了嗎？」

向下讚美必須建立在彼此的信任，要讓員工願意信任主管，最好的方式便是持之以恆的行動。很多企業把內部激勵的政策當作是靈丹妙藥，一給福利就想看到成果，這是行不通的。只有主管願意日復一日地堅持，才是贏得下屬信任的唯一途徑。

該怎麼做才能讓員工對你的激勵或讚美有感？在我過往的職涯中有一套「儀式感」的行為，是長達二十年來我每天都在做的一項工作，從不間斷，就是每日對員工的greeting（問候）。

美國運通的辦公室是開放式空間，我作為主管雖然有一個小小的獨立辦公室，但日常會議很多，一人待在辦公室的時間並不長，通常我每天八點左右就會到公司，安置好個人物品後，我會在同事上班前抵達公司的高峰時段開始「巡視」整個樓層，跟一般老闆的巡視不同，我不是要檢查有誰遲到或偷懶，目的只有一個：跟同事們打招呼。

打招呼的時間選擇很重要，要趁同事們正式開始工作前、心情相對輕鬆的時刻，我會繞遍整個辦公室，確保與每位同事都道聲早安問候致意，以愉快的表情保持跟對方的眼神接觸，並且要時不時的停下來跟某位員工聊幾句。

這個看似簡單的舉動，我已經堅持了將近二十年。從團隊只有四十人左右的規模開始，我就執行這一慣例。即使在團隊初期，同事們本就熟識，我仍堅持每天早上與大家問候、聊天，關心他們的家庭狀況，或稱讚他們最近的優秀表現。

不要用工作話題來破冰

隨著團隊規模擴大，主管與員工之間的熟悉度自然降低，距離也隨之拉大，此時這種早晨的儀式就顯得尤為重要。二〇一九年後我因兼管日本市場，在台灣的時間減少，有些同事尤其是新進員工，可能對我這位職位比較高的領導人較為陌生，因此，我會創造多種機會讓他們能見到我，而每日問候就是其中之一。

不過當組織成長到超過百人時，新進員工與我存在世代差異，他們看到高層主管時可能感到不自在，該如何與這些年輕的一線員工拉近距離？在早晨的問候儀式中，我絕對會刻意避開工作話題，我會聊的是：「聽說某個展覽很受歡迎，你們去看了嗎？」「最近某演唱會門票秒殺，你有朋友去搶票嗎？」這類話題可以自然地開啟對話。

這類問候有如西方人在電梯中談論天氣的「破冰」話題。作為主管，聊兩句明星八卦或當紅 youtuber 就如同問「今天天氣好嗎」，雖然簡單，卻是建立連結的有效方式。

這種做法短期內可能沒有明顯效果，但只要堅持一段時間，你與同事之間的距離必然會明顯縮短。我記得當台灣團隊成長到近兩百人時，僅靠早上的問候已不足以覆蓋所有員工，因此我又增加了下午的巡視時間。

我的部門不時會有下午茶的短暫休息時光，這是同事們心情較輕鬆的時候，我會利用這個時間前往其他樓層的辦公室。由於我們的辦公區橫跨數層，我便採取「早上一層，下午一層」的策略，若當天未能走完所有區域，次日便選擇其他樓層，確保能與每位員工都有當面交流的機會。

一周五天，一個月至少有二十多天，積少成多，雖然與年輕員工之間可能就是幾句話的交流，但單是「臉熟」就已經可以消弭彼此間不少距離，通過這種持續的互動，能逐漸建立起主管與員工之間的信任關係。

在這種走動式管理中我還會交叉使用一個小技巧：當你透過巡視過程讚美或表揚員工時，一定要基於事實，不能只是空泛的讚美。這就要靠主管平日做足功課，在每日的業務會報內容中，特別留意並記錄下員工的優秀表現，在日常巡視中遇到相關員工時，便可具體表達讚賞。

例如：「Grace，前兩天開會時你的主管提到，你成功搞定了一位難纏的客戶，做得太棒了！你的處理方式真是讓人印象深刻。」這種讚美有兩大優勢：首先，員工不會覺得你虛偽，因為讚美建立在真實的成果上；其次，他們會驚訝於「大老闆竟然知道我做了什麼」，會強化對方的成就感和榮譽感。

信任不是一朝一夕建立的，而是通過日復一日的真誠互動逐漸累積。當主管願意放下身段，主動接近員工，關心他們的工作與生活，並給予具體、真誠的肯定，信任自然會在不知不覺中建立起來。一旦贏得了員工的信任，讚美和鼓勵的效果也將隨之倍增。

⑫ 把工作娛樂化：有趣，就有理由留下來

東京大學客座教授金間大介在他的著作《年輕人為什麼安靜離職》（方舟文化出版）一書中提出了許多有趣的數字，像是「企業遇上非預期年輕員工離職」的比例高達七一%，顯示「留不住年輕員工」已經是日本企業界普遍的問題。雖然台灣沒有類似的調查數字，但根據過往企業演講的經驗，大多數的服務業也面臨相同的狀況，足以顯示這應該是大缺工浪潮下企業面臨的普遍痛點。

一般刻板印象可能會認為，越是高壓高強度的工作，越容易造成員工輕易離職，但金間大介解讀的數字並非如此，他對比「只想在某家公司工作兩到三年」的人中，有高達四一%的人認為所在的職場「感覺很溫吞」（亦即佛系無壓力的工作環境），這項數字可能會大大顛覆企業主管與老闆的想法，Z世代工作者並

非只想要佛系職場，能夠在壓力與職場升級、工作成就感等方面取得平衡，也是留住Z世代人才的重要關鍵。

根據我過往的職涯經驗，與工作強度相對稱的薪資與福利，當然是留才的關鍵，但光靠這點還不夠，美國運通服務的都是高資產客戶，工作壓力與強度自然不在話下，主管如何引導員工換位思考，把「工作有趣」、「學到東西」也當作辛苦工作的加分項，也是留才的要素之一。

爲職場掃除沉悶氣氛，營造歸屬感

我認為「工作娛樂化」是提高Z世代員工上班滿意度的方式，這個世代與網路社群一起成長，已經習慣透過手機接受大量的新鮮刺激，如果職場沉悶，自然很難激起他們工作的熱情。我過往常常會「找理由」創造工作中的趣味因子，例如當有同事業績破紀錄時，我會自掏腰包買點心幫大家慶祝；在公司活動日多加個 dress code，像是「重回學生時代」的主題，讓同事們穿著昔日校服來上班。

只看業績的主管可能會認為「搞這些活動浪費時間」，甚至不少員工也會覺得麻煩，準備活動還會佔用私人時間。也就是說，如果指望員工自動自發去組織這類的活動，並不容易，要讓嚴肅的職場變得「好玩」，主管必須成為組織的「引擎」才行。

這就像照顧一輛古董車，你必須定期發動引擎，有空時還要開出去遛遛。同理，改變職場氣氛也需要主管不斷地「發動」。初期員工可能態度冷淡，他們或許會想：「我連工作都忙不完，哪有時間參與這些活動？」作為主管，你不能因此氣餒，也許十次嘗試中只有一兩次成功，但隨著頻率增加，員工經歷過有趣的體驗後，會逐漸改變態度，從中找到團體歸屬感，你「發動」的成功率也會隨之提高。

這一點在台灣的傳統企業中尤為困難，許多企業主習慣親自在第一線爭取業績和訂單，當他們把生意帶回公司，往往抱持著「你們只需要完成後續工作」

的心態，在這種環境下，員工容易被視為純粹的「執行者」，也難以產生歸屬感，只把自己當作「打工仔」。

其實，工作娛樂化並非新概念。許多高壓力、業績導向的行業早已實施，如保險業、仲介業等。這些企業常舉辦員工激勵大會，耗費大量預算將活動場地布置得如同頒獎典禮，企業主管通常會「扮醜」來娛樂員工，甚至將活動安排在海外，鼓勵員工盛裝出席，享受屬於自己的榮耀。

讓保守的日本人也變熱情！

我在管理美國運通日本團隊時也做了類似的轉變，在前作中曾分享我們的內部商展「showcase」，讓全球各地的旅遊業者透過一整天的活動，跟我們的員工介紹產品，我在台灣開創了這個模式後，全球各地的美國運通服務部門也都紛紛開辦自己的 showcase 活動。

日本當然也有，但業者參與度不高，員工投入熱情也很低。許多亞洲區的飯店業高層得知我將管理日本團隊時，都表達了期待：「太好了，Austin 你要去日本了，可以帶領日本市場變得活潑一點嗎？」

我先是派了兩位日本員工到台灣見習，現場體驗活動的氣氛，讓他們知道「原來商務活動也可以這麼好玩有趣啊」，接著跟東京半島談好合作，用他們的場地舉辦，我也在內部鼓勵員工，請大家以迪士尼作為 dress code，活動當天，我扮成迪士尼的卡通人物，在半島的大廳接待合作夥伴，並歡迎員工進場。

日本同事最初對此很不習慣，他們的文化較難以接受職場領導者「醜化」自己，但時間一久便認為「這是 Austin 桑的特色」，並樂於參與。到第二年，員工的參與度已經跟台灣一樣，合作伙伴們也感受到日本同事們滿滿的熱情。

美國運通在日本有兩個辦公室：東京總部和大阪分公司，以往大活動都以東京為主，為了提升大阪員工的士氣，我決定將第二年的 showcase 安排在大阪，邀請東京的所有同事前往參加，讓大阪員工有機會展示他們的熱情。此舉收效顯著，大阪的同事感到受重視，不再因為是分公司而覺得「永遠矮東京一截」；東京的同事也樂於藉此機會來一場大阪小旅行，與昔日同事敘舊。

我常說所謂的企業文化，就是只有你們自己人懂的語言，主管可善用實際工作中的各種機會，不斷扭轉鑰匙啟動「讓工作變有趣」的發動機，實際作為當然會因企業各自狀況而有所差異，但不外乎以下幾個核心重點：

一、**從小做起：**不必一開始就規劃大型活動，可以從小型慶祝、辦公室裝飾或特別著裝日開始。

二、**堅持不懈：**員工初期反應冷淡很正常，持續推動才能見效。給自己設定「不斷嘗試」的心理準備，不要輕易放棄。

三、**親自參與：**主管的參與度直接影響活動成敗。當你願意放下身段、玩得開心，員工才會跟著放鬆。

四、**善用認可機制：**娛樂活動中融入對績優員工的表彰，滿足他們被看見的需求。

五、兼顧區域平衡：如有多個辦公區域，確保活動輪流在各地舉行，避免某些團隊感到被忽視。

六、融入企業文化：讓娛樂活動與企業價值觀相符，不僅是單純的遊戲，而是強化企業文化的機會。

七、重視回饋：活動後收集員工意見，了解他們真正喜歡什麼，據此調整未來計劃。

⑬ 讚美前，先學會如何記筆記

常在新聞看到這樣的畫面，從總統到企業老闆，許多領導在會議時拿出紙筆認真記錄，看在一般人眼裡可能只是作秀，但筆記的確是高效管理非常好用的工具，不僅僅是補足我們有限的記憶，更重要的是，它能幫助你在會議中迅速捕捉關鍵重點，以及會後需要立即執行的項目。只是要記下哪些內容？如何將筆記轉換為執行上的助力？則是每位管理者的必修功課。

我在美國運通服務期間，有位主管曾好奇地問我：「老闆，為什麼每次與航空公司和飯店開會時，你都能記得他們有多少架飛機、最近購入什麼新機型、開通了哪些航線，或某家飯店品牌在哪裡開了新飯店？這些繁瑣細節，你怎麼記住的？」

釐清、記錄關鍵的「戰略資訊」

無論是外部會議還是內部討論，我都堅持寫筆記，當然這不會是鉅細靡遺的會議記錄，作為主管，你需要專注記錄的是與你所處位置（position）相關的戰略信息。

在商業談判中，了解自己所處的位置至關重要，當我與合作夥伴進行會談時，會前要先做功課了解此次會面的真正目的，線索往往來自於上次會議裡對方不經意提到的未來發展，或是平時閱讀新聞報導所留下的紀錄，這些小訊息累積起來，就是主管知己知彼的基本功。

根據經驗，航空公司前來洽談通常是希望我們幫助銷售機票——而且多半是那些難以售罄的航線。如果是熱門航線，他們完全可以自行銷售獲取更高利潤，何必尋求第三方協助？因此，他們計劃開通的新航線極有可能就是此次會談的核心話題。

飯店業也是如此。若某家酒店常年爆滿、需提前一年預訂，他們又何必尋求合作？新開業的酒店或即將舉辦的特殊活動，才是他們亟需推廣的項目。

掌握這次會談中自身的角色後，我會翻閱之前的會議筆記，找出如「某航空公司計劃今年接收幾架新機，用於哪條航線」等信息，再結合最近新聞報導，在下次會面時開門見山：「聽說你們最近交機了？新的商務艙設計非常出色，餐飲服務也更上一層樓了，能否分享一下？」

這種開場立刻拉近雙方距離，因為對方感受到你對其業務的高度關注。會談氣氛自然融洽，也更容易聚焦在彼此的核心需求上。

在對員工「向下讚美」這方面，筆記同樣扮演著關鍵角色。在與中階主管會議時，我關注的不是某部門是否達標——這是顯而易見的數據，無需特別記錄。我真正記錄的是主管提到的優秀員工表現。作為高階管理者，你很難直接了解基層情況，所以當中階主管提及某位同事的特別成就時，我會立即記下。

當我在日常巡視辦公室時遇到這位員工，就能立即給予具體讚美：「我聽你的主管說，你在某件事上表現非常出色，你才剛進公司一年就有如此好的表現，good job！」這種讚美必須簡潔有力，貴在精不在多，同時想表揚多項反而模糊焦點，員工一時之間也不容易理解你的重點。

讚美必須即時，若某員工做了出色工作，你在昨天的會議上得知，今天就立即給予肯定，這種即時性會讓員工驚訝「老闆竟然知道我做了什麼，還這麼快就表揚我」，從而在心中留下深刻印象。相反，若等一段時間後才讚美，員工可能已經遺忘細節，讚美的效果也大打折扣。

另一個巧妙運用筆記的場景是在與第三方會談時，在與合作夥伴會面前，我會請同事準備我方與對方過去一年的合作數據：我們為某酒店品牌銷售了多少房間，與前一年相比增長了多少？為某航空公司銷售了多少機位，創造了多少營收增長？更重要的是，我要知道團隊中誰是該合作夥伴的銷售冠軍。

在與對方會議即將結束前，我會請這位銷售冠軍同事加入，並向客戶介紹：「這位是我們非常出色的同事Grace，去年光是他個人就賣出多少張你們家的商務艙機票，也許你們願意為 Grace 鼓勵一下？」

這一刻，不僅客戶開心，更重要的是，第三方的讚美往往比主管本人的肯定更有分量。當員工感受到「客戶也把我當做重要人物」時，其自信心與向心力都將大幅提升。

⑭讚美別人之前，先讚美自己

主管是一種「給」的角色，因此自我激勵的特質極為重要，我常跟同事說：主管沒有悲觀的權利，今天受的挫折，睡一覺明天就要忘記，主管的自信要能滿到溢出來，才有辦法帶給員工正面的力量。

先前提到的《向下讚美》一書中，有個我很喜歡的說法，是用香檳塔來比喻主管自我激勵的重要性，當我們從最頂端的第一個酒杯開始倒酒，只有當第一個杯子滿溢出來，酒才會不斷流向下層的杯子。如果你作為主管，自信心不足，熱情與動力沒有滿到溢出來，團隊成員又如何能從你身上獲得激勵？

過去我在管理日本的美國運通服務團隊時的一個小故事，正好體現了「香檳塔理論」。日本是亞洲僅次於中國的第二大經濟體，對任何跨國企業來說都是非常重要的市場，美國運通擁有活潑、開放、創新的企業文化，但在日本社會一絲不苟的文化氛圍中，如何調和兩者間差異一直是公司高層的難題。直接派遣外籍主管會與日本本地文化產生衝突，全都用日本人管理，又可能使日本市場成為全球美國運通的「局外人」，難以融入集團整體氛圍。我想這也是高層願意派我這位台灣主管去日本市場的重要原因——台灣服務業相對靈活彈性，更容易在外商的活潑專業與日本的嚴肅完美之間取得平衡。

我到任不久後碰上聖誕節，為了讓團隊成員更認識我，我提早一天準備好聖誕老人服裝，比照台灣的做法，下班前在辦公室向所有同仁大喊：「Merry Christmas!」並發放應景的小糖果，希望營造歡樂氣氛。

出乎意料的是，整個辦公室鴉雀無聲，跟台灣的辦公室總是嘰嘰喳喳不同，我常戲稱日本的辦公室安靜到一根針落地都聽得到，在我熱情問候之後，有些同事轉過頭，用驚訝的眼神看著這位「陌生人」，甚至做出「噓」的手勢。場面一度尷尬，直到我的秘書適時解釋：「這位是Austin桑，他來跟大家說聖誕快樂。」

現場才陸續有人抬頭回應。

這樣的反應當然讓人挫敗，但對我而言也在預料之中，我並沒有因此改變做法，在每個特殊節日都想辦法將節慶氣氛帶入辦公室環境中，隔年聖誕節，我還是穿上聖誕老人服裝繼續嘗試。

經過一年的堅持，結果令人欣慰：第二年聖誕節，當我再次身著聖誕裝問候同事時，氣氛完全不同了。大家已經認識到「我們的 Austin 桑就是會做這件事的人」，此起彼若自然而然地回應「Merry Christmas」，整個辦公室充滿輕鬆正面的氛圍。

重建三低團隊：從自信出發的轉變

為什麼我堅持要對比較保守、拘謹的日本同事做這些事？這不單單只是為了活絡辦公室的氣氛而已。當我接任日本團隊時，我面臨的核心挑戰是團隊的「三低」狀態：地位低、自信心低、士氣低。

當時部門的 KPI 長期未達標，員工滿意度在整個日本美國運通所有單位中最低，也因為氣氛不好產生高流動率，該部門甚至淪為其他部門的「踏板」——因為隨時都在招人，許多員工都是先進來，再想辦法調往其他單位。

我得先從提高員工的自信下手，否則其他的「兩低」也提振不起來，我採取了一系列措施：將目標化為口號讓員工朗朗上口、提高數字透明度創造友善的競爭環境、透過 one on one 的輔導協助同仁達標、鼓勵更多同事主動參與如 showcase 等活動；沒錯，這一連串改造的策略與方法，都是我在前面篇幅曾經跟大家分享的內容。

我的職涯曾經管理過台灣、泰國、中國、日本等不同國家的團隊，也需要跟美國、歐洲、澳洲等地的同仁共事，雖然各地文化各有不同，但作為一位主管的信念卻是舉世皆然：你要相信自己做得到！進一步以此為動力，向員工傳達「我們可以一起做到！Make it happen！」的信念。重新幫他們建立自信心，把對工作的熱情找回來。

⑮ 老闆該說多少，才是恰到好處？

對Z世代而言，會議常被視為浪費時間的代名詞——老闆喜歡長篇大論，佔據會議八成的時間唱獨角戲，卻往往沒有明確重點，不僅工作效率低，也消耗團隊士氣。作為主管，如何主持會議才能讓員工不僅不反感，甚至投入會議創造正面價值？

首先，主管要學會看場合說話，在不同類型會議中扮演不同角色，像是例行性的業務匯報，這是主管最常開的一種會，也最容易「少說話」。這類會議大部分時間都由中階主管或執行員工報告相關進度，在這種會議中，老闆的發言最好控制在三〇％以下，作為領導者，你的主要任務是理解現況，並在適當時機提供指導，盡量讓同事都各抒己見之後再開口，而非主導整場對話。

有老闆要「少說話」的會，那有沒有老闆該「多說話」的會？有的，例如為了某個專案或目標該如何進行，召集相關部門參與的「腦力激盪」會議，我就會建議主管發言的比例應該要倒過來，變成七〇％。主要是因為這類會議本質是鼓勵天馬行空的創意發想，容易使討論過度發散，最容易陷入「議而不決」。

根據我過往跟不同國家同仁開會的經驗，日本職場的會議效率最好，參與者都會準備好再來開會，並且嚴格遵守會議時間，即便是主持會議的主管也不能因為自己想暢所欲言而超過時間；相較之下，台灣的職場比較隨性，大多數員工都會希望「等會議開完再開始動手」，開會時間也很容易超時，從工作效率上看我覺得日本的會議文化很值得我們學習。

類似腦力激盪型的會議我會一開始就主動發言，先明確宣告該專案的宗旨、期望達成的目標等核心設定，避免發想內容過度發散，而根據過往經驗，台灣的員工傾向在會議過程中「見招拆招」，所以我會設定第一次的腦力激盪會與會者的發言只佔三〇％，將時間控制在三、四十分鐘左右，避免過多無建設性的發言，在結尾時要所有人針對此專案構思內容，下次會議時再提出細節，如此便可控制讓會議不失焦，也能讓進度持續前進。

檢討會是所有員工最厭惡的會議類型，畢竟檢討本身就會為人帶來壓力，作為主管，要認知到檢討不可能一次到位，一對一的輔導會議可能需要多次才能達到目的，心態調整能降低你和團隊成員的壓力，讓檢討過程更加順利。

在檢討前準備充分、透明的數據至關重要，這包括部門平均數字、個人表現、前一季結果以及去年同期比較等。**當所有檢討指標清晰可見時，討論會更加客觀，減少主觀情緒的干擾**。透明是建立信任的最大武器，尤其在可能引發情緒的檢討會中，數據透明化有助於維持就事論事的討論氛圍。

檢討會的核心應該聚焦未來而非過去，不是追究過去為何未達標，而是共同探討未來如何實現目標。這樣溝通，不僅能減輕員工的防禦心理，還能激發解決問題的創造力。

不管任何一種會議，主管的發言是控制會議節奏的指揮棒，會議的首要目的是為了增進執行效率，不是讓主管上台演講，所以**我在意的從來不是我講得好不好，而是我有沒有把想傳達給員工的想法，透過這場會議讓他們記在心裡，積極執行**。所以在多數會議的結尾時，我都會花不到三十秒的時間，真誠地感謝所有參與者，並鼓勵大家「我們一起努力，一定能做到」。

乍聽之下像是雞湯式的口號，但持之以恆地表達感謝與信心，久而久之就會產生實質影響。當你在每次會議結束時發自內心地感謝同仁的努力，團隊成員會逐漸感受到你的真誠，而不是將其視為空洞口號，良好的會議不僅在於實質討論內容，也在於參與者心理感受到的尊重與肯定。

⑯負負得正：檢討與責罵的轉化技巧

在管理實務上，身為主管不能只會讚美，胡蘿蔔與棍子必須雙管齊下。當我們討論如何讚美時，同樣需要學習檢討員工的技巧，避免造成「過猶不及」的副作用，有技巧性的使用讚美與檢討，並將負面情緒轉化成正面動力，是每一位主管的必修課。

我舉行檢討會議時，會分為團體與一對一兩種，其中團體檢討對主管來說是終極武器也是雙面刃，當團隊的錯誤率極速攀升時，針對每個案例補丁式的檢討已經不足以解決問題，就必須召開「檢討大會」來做團體教育，避免破東牆補西牆的窘境。我曾經跟老爺酒店集團執行長沈方正在一場座談中分享檢討會的經驗，他對我說：「你很勇敢，竟然敢開這種公開大型的檢討會議。」

確實，大型檢討會就像癌症化療，雖然可以一次性的把問題抓出來處理掉，但它也會帶給員工低氣壓，很容易讓團隊全員陷入士氣低落。因此在大型檢討會議中，我會有幾個小技巧來控制負面情緒。首先，分享失敗案例時先不要指明當事人，而是專注於問題本身：錯誤如何產生、引起什麼客訴、後續如何處理，這時我會觀察現場氣氛，尤其是當事人的反應，如果他已經內疚到要哭出來，我就不會點名進一步傷害對方。

檢討的目的是預防同樣錯誤再次發生，而非一味責罵，因此，主管需依據現場氣氛如當事人、直屬主管和同部門同事的反應，**適時踩剎車調整檢討的嚴厲程度，並適可而止轉為安慰，將負面情緒轉為正面激勵**。

曾有一次檢討會議中發生感人一幕：我在會議中分享了一個造成損失的錯誤案例，雖未指明當事人，但出乎意料這位同事勇敢站起來自我認錯，並承諾下個月要努力把損失賺回來。這番宣誓感染了周圍同事，周圍有人眼角泛淚，也有人為他的勇氣鼓掌，此時我便會順勢引導會議氣氛往正面方向發展，給予當事人表揚。

檢討與責罵的終極目的只有一個：激發員工不服輸的自信心。錯了就錯了，賠了就賠了，過去的事情無法改變，會議的目的是協助大家明天做得更好。這是一場團體學習的過程，主管必須學會適可而止，不讓個人情緒影響檢討會議的建設性。

大型的檢討會議是一種救急之舉，只有在失誤率激增的情況下進行，一旦團隊運作恢復常態，就不應該經常性地舉辦，而該改用閉門的一對一檢討會來取代，當發現某人表現不佳或未達標時單獨約談。這類會談同樣需要回歸基本法則：**依據透明的數字和目標，在明確的考核標準下進行就事論事的討論**。

在一對一檢討中，我採用的策略是「先聽後說」，讓員工先陳述自己無法達標的理由，我則保持耐心聆聽。許多主管思考敏捷，常迫不及待提供解決方案：「我知道你沒做到，我告訴你，你應該怎麼做，去找誰誰誰，問題不就解決了？」這種看似高效的指導，實際上阻礙了員工自主思考的能力，使其永遠無法獨立解決問題。

聽完員工的解釋後，下一步是請他自己列出可行的改善方法：「你認為要怎麼做才能在下個月達標？」待員工提出想法後主管再給予實際指導，例如指出可能需要的資源或協助：「我看你的方法不錯，某某人在這方面有豐富的經驗，你可以私下多請教他」。

會議結束之前也要定出下次檢討時間，確認改善方案是否落實，才能確保檢討不僅停留在討論，而是轉化為實際行動與成果。

無論是團體檢討還是一對一會談，都不應以負面情緒結束，主管要表達「我是你的靠山，有任何問題都可以隨時來找我，我們一起達成目標」等情緒支持。最有效的檢討不是打壓，而是啟發；不是指責，而是引導；不是控制，而是授權。千萬不要把績效面談，搞成激怒面談，這樣只會讓事態更加糟糕。

⑰如何讚美資深員工？

讚美的動機在於激勵與留才，因此主管常把重點放在新進員工，反而容易忽略共同打拚多年的資深夥伴。越是資深的員工，主管越容易忘記對他們表達感謝，潛意識中可能認為：「我們一起走過這麼多年，他應該知道我心裡有多感激。」

對主管來說讚美資深員工就像「愛卻說不出口」，最簡單的方法是把感謝當作口頭禪融入日常互動中，「謝謝你」、「辛苦你了」、「這件事麻煩你了」，這些語助詞雖然看似可有可無，對維繫長期工作關係卻有著不可思議的效果。

我到日本擔任主管期間需要入境隨俗，也讓我深刻體會到這種「語助詞感謝」的重要性，在辦公室無論在任何場合碰到同事，大家都會自然加上一句「辛苦了」或「謝謝你」，剛開始我並不習慣這麼「客套」，但日久成自然，如同與資深員工間相處，即便你們有十年、二十年的革命情感，依然需要經常性的問候，證明「我沒有忘記你的協助。」

對資深員工而言，普通的讚美是不夠的，他們在各自的專業領域原本就足夠優秀才能存活下來，若只是為他們輕易完成的工作給予誇張的讚揚，反而顯得浮誇不自然，我反而會讓資深員工在不著痕跡的情況下得到讚美。

我會利用機會請資深員工分享他們各自的專業，例如某位同仁特別擅長處理複雜的票務問題，我便會在新進員工面前公開表揚這一優勢：「各位，如果遇到這方面的問題，可以多多請教Sophia，她是我們票務的專家」。人性深處都有「好為人師」的傾向，尤其是那些在特定領域積累了豐富經驗的資深員工。讓她們有機會展示所學、指導新人，是最有力的無形讚美。被年輕員工視為「某領域的權威」時，資深同仁的成就感便會油然而生，感受到被公司尊重與被需要。

讓資深員工能夠在某些場合代表公司，也是表揚的好方法之一。過去我長年要求各部門主管要搜集第一線的傳奇服務案例，並且在內部會議中公開分享，我們內部稱這些故事為「value story」。我除了把案例用在內部教育訓練上，也常與媒體分享讓美國運通的業務得到行銷曝光。

黑卡在台灣開始發行後，我們有一群白金卡的資深同事都晉升成為黑卡的客戶關係經理，之後只要媒體要求採訪的題材適合，我就會讓黑卡的同事代表我去接受媒體訪問，當他們的家人看到同事在螢光幕前侃侃而談，對當事人也是一種莫大的獎勵。

主管的任務是創造傳承的機會，讓資深員工從中獲得肯定，當他們感受到自己不僅是團隊的一員，更是團隊知識與文化的守護者和傳承者時，他們便會產生更強的歸屬感和責任感，繼續全力支持你，與你共同向前。

⑱ 讓利給員工，才是最好的護城河

美國運通旅遊及休閒生活服務部台灣辦公室有個傳統，三不五時會提供小點心，讓員工在高壓工作中稍作休息，大家可以提出想吃哪些東西的建議，同仁也都習慣在下午茶時跟左鄰右舍輕鬆的聊幾句，氣氛很是融洽。

某次有家航空公司來拜訪，正好碰上我們的下午茶時間，羨慕地說「福利真好，氣氛也很輕鬆，我們的辦公室都好嚴肅呢」。其實公司提供下午茶點心我們並非首例，跟一些科技公司相比也沒有特別大手筆，要論食物內容頂多是些小點心，對財力雄厚的航空公司而言似乎也不難做到。

不論是給予員工的福利，或是工作上的激勵政策，有一個關鍵是持久，下午茶時間我們已經執行了十多年，早已成為同事日常工作的一部分，餐點內容也不會一成不變，因為採購會徵詢同仁建議跟上流行，當他們辛苦工作一天下來，突然發現今天的點心是現在最紅的陳耀訓麵包，心中湧起的幸福感絕對超過幾十塊的麵包錢。

眾所周知鼎泰豐不願上市的原因之一，是楊老闆曾半開玩笑地說過：「鼎泰豐若上市，我相信很多股東會反對我把這麼多錢花在人事費用上。」像是專屬休息空間讓員工在工作間隙得到充分放鬆，甚至聘請按摩師為員工紓壓等等。鼎泰豐的競爭者不是沒有，賣小籠包的店家比比皆是，甚至有不少是從鼎泰豐出走的廚師所開設，為何這些競爭者贏不過鼎泰豐？因為他們只學到了如何製作小籠包，卻忽略了鼎泰豐成功的核心：投資在員工身上，才能建立無法被超越的優質體驗。

大家都認為要「讓利」給客戶，生意才好做，但我的想法不同，便宜沒師父誰都會做，削價競爭的路走不久，**企業要學會讓利給員工，才能為自己的產品與體驗創造強大的護城河**。

在旅遊行業，美國運通的員工平均薪資比同業高出一五至二〇%，背後的邏輯很簡單，我們的會員付了市場上最高價的年費來取得服務，我們自然要提供業界最頂尖的人來服務他們，換言之，員工的薪資福利，跟企業產品定價的企圖必須呈正比。

若說我在美國運通這家一百七十五年歷史的企業工作近四十年，學到最寶貴的一堂經營課，簡單歸納不過一句話：賺錢不要一下子，要賺一輩子！

⑲保護者心態：你是Z世代眼中的父權主管嗎？

在擔任主管的初期，我管理十多人的小團隊，有一次，部門內一位專業比我強也比我資深的同事，在會議中當面反對我所交辦的事項，他堅持我的方法有問題。當時年輕氣盛，便與他在會議中吵起來，最後我情急之下直接嗆對方：「照我說的做就對了，我是主管，我負全責！」

這件事被當時的英國籍上司得知後，找我到辦公室談話，他沒有指責我不應與同事爭吵，也不是告誡我不該濫用職權，而是問我一個問題：「你跟同事吵架，吵贏了又如何？你有什麼好處？」

簡單的一句話對我有如當頭棒喝，用爭吵的方式，以「員工做不到」的預設心態要求下屬按照指示行事，對事件本身、團隊氛圍，以及最終結果都毫無幫助。

德州大學奧斯汀分校的心理學教授大衛．葉格（David Yeager）在他的著作《10到25：激勵年輕人的科學》（究竟出版）中，提出了管理者常見的兩種錯誤心態，其中之一就是「保護者心態」。

葉格認為，保護者心態的管理者往往認定：「如果這位員工如此敏感，可能意味著他無法承受壓力。」基於這一判斷，主管會得出結論：「如果事情交給他，可能做不好，還是我來做就好了」或「他最好按照我清楚的指引，一步一步按我的標準來做。」

葉格將這種管理風格定義為「保護者心態」——管理者透過降低對部屬的期望，專注於「保護」他們免受挫折或失敗的傷害。回顧我與同事爭執的事件，這確實是典型的保護者心態表現，即便我在爭論中「贏了」，讓同事按我的指示行事，從管理角度也算是輸。

保護者心態在技術型主管中尤為常見，通常對自己專業能力越自信的主管，越不敢放手讓員工嘗試，不信任導致主管不願授權，結果就是事事親力親為，最終不但效率低下也累垮自己。

這正是許多技術型主管難以晉升為更高層級管理者的關鍵原因：他們堅持事情必須按照自己的方式進行，當下屬表現不佳時就親自接手，在這種心態下，主管的工作量無法支撐更大規模的部門管理，自然限制了職涯的發展。

對於當今職場中的Z世代而言，保護者心態的主管往往被視為「父權」主管，一切都是「我說了算」的獨裁者，管理者因害怕無法達標想完全掌控，常常資源一把抓，也不願將掌握的資源交到下屬手中，在這種情況下，年輕員工的反應只能是消極順從：「對啦對啦，你就是主管，你就好棒棒，你說了算。」一旦形成這種風氣，部門士氣必然低迷。

關於Z世代社會上存在諸多誤解，許多人批評他們「躺平」，但實際上，Z世代並非不願付出努力，而是「不想跟老一輩囉嗦」。許多管理現場常見的問題，像是責任落在少數幾個人身上，大多數員工僅被動執行指令而不勇於改變與當責，很多時候不是員工不想作為，而是主管讓他們覺得「做了也沒用」所致。

克服保護者心態，關鍵在於從「保護」轉向「賦能」，我上課時常常跟學生分享，管理不過就是三件事：guiding（指引），為員工指明方向；supporting（支援），提供員工所需資源；caring（關心），關心員工，無論是提供情緒價值還是實際福利。

對Z世代而言，被信任和尊重比任何形式的「保護」都更有價值，與其因擔心員工做不好而親力親為，不如創造一個允許嘗試、容許失敗、鼓勵學習的環境。這種轉變不僅能釋放年輕員工的潛力和熱情，也能讓主管從繁瑣的日常事務中解脫出來，專注於更具戰略性的工作。

⑳執法者思維：最不受Z世代歡迎的管理模式

職場中，你可能遇過這樣的主管：部門的業績非常好，在公司眼中是賺錢的部門，但主管每天心心念念的只有業績目標，跟下屬溝通的內容也只有「這個月業績會達標嗎」，此外的事一概不關心。這種現象在職場上屢見不鮮，我自己的職業生涯中也曾遇到類似的上司，這種管理風格，恰恰是當代Z世代員工最為抗拒的管理模式之一。

在前文中，我介紹了德州大學奧斯汀分校心理學教授大衛・葉格（David Yeager）提出的「保護者心態」。除此之外，葉格還提出了另一種管理者常犯的錯誤——「執法者思維模式」。

具有執法者思維的主管心態往往是：「如果這位員工表現出色，他就不需要任何支援，我只需要設立目標，讓他去執行就好。」這類管理者專注於強制執行高標準，卻不支援員工發揮潛力達到該標準。簡言之，就是許多人所說的「只會向上管理」的主管。

這類主管一方面緊握資源，另一方面利用這些資源在管理層塑造自己「能力超群」的形象。然而實際上，他們對本職業務可能並不精通，因此無法與員工直接就業務進行有效溝通，而是採取「我不管你怎麼做到，我的標準就在這裡，你們今年必須達到這樣的業績」的高壓手段。執法者思維的主管認為，作為主管就應該嚴格要求，至於員工能否做到，他們得自己想辦法克服。

先前提到的日本東京大學客座教授金間大介，在其著作《年輕人為什麼安靜離職》中，他提出了一則於二〇二二年發表的調查數據，這項針對「對上司的期望」的調查，列出幾項員工對主管的主要期待，並允許受訪者複選答案。

令人驚訝的是，排名前五的期望竟然都與工作標準無關。排名第一的期望是「會傾聽我的意見與想法」，其次是「會公平公正地評價」，第三是「會做出明確的判斷」，第四是「會給出具體的建議」，第五則是「情緒不會波動」。這五點恰恰是執法者思維型主管所缺乏的特質。

更引人深思的是，「執著工作成果」這一選項在所有選項中排名最低——在一百名受訪者中，僅有六人選擇，這意味著僅關注員工工作成果的上司，是Z世代最不歡迎的主管類型。

關於Z世代對工作的熱情和忠誠度，根據我的觀察和歸納，主要取決於三個關鍵因素：首先是薪資福利是否優渥；其次是工作中能否學到新東西；第三則是工作本身是否足夠有趣。審視這三項因素，會發現Z世代並非外界想像的「躺平族」，他們依然非常在意一份工作能否提供學習與成長的機會。

差異在於，他們所期待的學習方式已與傳統的「師徒制」手把手教學有了本質上的轉變，作為跨越多個世代的管理者，我在職業生涯的最後幾年也開始面對Z世代員工，我的觀察是，Z世代員工極為直接——這與他們生於網路社群時代的背景密不可分。

他們習慣在網路上即時尋找答案，期望能立即學習所需知識，而非如早期職場文化中「偷師學藝」般漫長等待，對他們而言，那種方式效率太低，不符合這個時代的學習節奏。

在金門教授的調查中，Z世代對上司的期望中的許多項目，都指向主管應扮演類似教練或引導者的角色，除了在情緒層面（如「會傾聽」、「隨時可以找他談話」）的滿足外，Z世代也極為重視主管能否「做出明確判斷」和「給予具體建議」，這也反映出他們希望主管在專業度上能給到足夠的信任感。

執法者思維本質是控制而非授權，是命令而非引導，這種高壓管理模式與Z世代渴望被傾聽、受尊重、獲得具體指導的期望完全相悖，現代管理者必須從「執法者」轉變為「教練」，從單純設立標準，進化到能提供達成的方法和資源，才能創造留住Z世代人才，激發他們潛力的理想工作環境。

㉑建立透明度：成為受信賴的教練型主管

「保護者」與「執法者」分別代表「高支持低標準」與「高標準低支持」兩種管理思維，相比之下，多數心理學家都認為「教練（導師）心態」對年輕工作者來說是更有效的管理模式，教練可以在設定高標準的情況下，同時給予部屬高支持，但主管要如何讓自己成為員工願意「聽得進去」的教練？關鍵便在「建立信任」。

建立信任是一件困難且漫長的工作，尤其是對臨危受命的空降主管而言，彼此之間沒有革命情感，自然沒有互信基礎，特別是接任的單位往往有非常急迫的短期目標需要達成，該如何在千頭萬緒中開始你的工作？我會建議從「建立組織透明度」開始。

透明度可以為主管帶來立即的好處：有了公開數字作為依據，主管與員工之間可以「就事論事」，而不以主管個人的好惡為標準，降低建立信任感的門檻，也有助於打造組織內友善競爭的環境。

當我被派到日本後，一開始就希望將所有未達標的數字透明化，對所有人都公開 KPI 數字，但卻立即遭到人資部門的質疑：「這樣好嗎？這些數據真的適合讓所有人看到嗎？」

他們的顧慮很容易理解：如果A員工的 KPI 標準能被B員工、C員工看到，在日本職場文化中，這可能被視為不給面子、不留情面的做法。當然，我的初衷並非製造對立或讓任何人感到不愉快，人資部門的考量確實有其道理。

然而，我的職場經驗告訴我：越透明，越容易辦事；越透明，越容易獲得員工支持。因此，我與人資達成共識：不以個人為單位公開數據，而是以部門為單位。在五百人的大團隊中，公布每位員工的數據確實過於繁瑣且可能引發不必要的比較，但如果按照二十人左右的小團隊來公布部門績效，就能創造我想要的

「友善競爭環境」。

在這種環境中，各小組能看到彼此的數據，了解對方在哪些方面表現出色，哪些方面有待改進，同時也能反思自己的優缺點。相較於完全資訊不流通的環境，這種透明度能促進良性競爭和共同成長。

許多主管不願對內部完全公開資訊，如部門盈虧、KPI達成率、升遷與獎勵的標準等，如何運用這些數據來管理獎懲完全看主管個人而定，這樣的作法雖然看似方便，實際上卻帶來許多壞處，像是造成組織內部的小圈圈，主管也很難完全取信於人。

過往管理團隊時，我定期讓每位員工能從數字看到自己的表現好壞。在一次會議中，一位黑卡資深同事嚴肅地問我：「老闆，我需要你告訴我，我對公司來說是個賺錢貨還是賠錢貨？」雖然看似玩笑話，但他的問題讓我非常高興，因為這代表他已經跳脫員工本位，開始思考自己的工作是否為公司創造價值，並願意根據這些數據來調整工作模式。

資訊透明會帶來相互信任的好處，也容易造成錯用數字的問題，特別是發生在資深主管與年輕的員工之間，常會陷入另一種數字陷阱，意即「用過去的數字來對比現在的表現」，而這也正是Z世代員工常抱怨資深主管喜歡「話當年勇」，老是把「以前我們都如何如何，為什麼你們現在做不到？」掛在嘴邊。

過去與現在的數字對比看似客觀，但問題並非出在數字本身，而在於兩者之間相比的合理性。

在我過去的經驗也曾發生過類似的案例：過往員工每通電話花費時間較短，資深優秀同仁能接聽大量電話，數據極為亮眼；但現在無論如何改善，通話時間就是降不下來，每位員工能接聽的電話數也比過去少很多。

若僅從單一角度思考，特別是技術型出身的主管，很容易質疑：「為什麼當年我們一天能接一百通電話，而現在一天只能接三十通？」

但他們忽略了一個現實：市場環境已經徹底改變。過去客戶可能只需要簡單訂飯店、訂機票的服務，而現在這些基本需求變得太容易滿足，任何一個免費平台都能做到；現在的頂級客戶要的是更複雜的服務，例如在我在前作中提過的案例：客戶的孩子要參加奧林匹亞比賽，需要特殊安排見習機會等等。

這類在二十年前幾乎不存在的特殊需求，如今已經司空見慣，面對如此複雜的問題，員工不可能只花訂機票和飯店的時間，就能理解客戶需求並提供滿意答案，這類市場變遷的差異就是造成「為何過往數字不能套用到當下」的原因。

所以Z世代討厭老闆「話當年」只是一種結果，真正讓年輕人不耐煩的根源，並非出在「老人愛說教」這種表層原因，而是主管沒有用「換位思考」來檢視數字，深究數字背後所代表的意義，並根據經驗給予部屬真正有用的指引，才能避免「一秒惹怒年輕人」。

㉒ 直接＝不禮貌？Z世代的直白溝通

記得在美國運通服務期間某次為員工上課，一位年輕同事問我：「聽說你從白金卡服務部開始建立這個部門，我加入你的團隊兩年了，你覺得我還需要做幾年才能達到你現在的位置？」

聽在傳統的主管耳中，這個問題多少有點「沒禮貌」，但我並不這麼認為，我的回答是：「好問題！你需要花多少時間我不確定，這要看你的表現，但肯定不用像我花這麼長時間，因為我已經建立了團隊的框架和制度，你只要按部就班學習，應該能比我更快到達這個位階。」

我特別提這個例子，是因為許多主管與Z世代溝通時，常會把一些小事放大，將Z世代直接的態度視為刻意冒犯他人，但長時間相處下來就會發現事實並非如此，他們只是更直白，表達想法時不經修飾而已。

直來直往是Z世代員工鮮明的特性之一，這並非偶然，而是源於他們成長的環境，作為網路時代的原住民，他們習慣即時、直接的資訊獲取和交流方式，他們善於利用工具與全球接軌，對未知領域的敬畏感較少。過往幾個世代面對未知時可能更謹慎，但Z世代「不知道什麼叫怕」，在這種心態下，他們也較少修飾自己的表達方式。

也因為Z世代習慣了向網路（現在還有AI）尋求答案，任何問題在網路上都找得到解答，不需要像過往要靠「偷學」技術，也不必拉低姿態或取悅他人來獲取知識。這種直接提問、直接獲取的思維，也形塑了Z世代的溝通風格。

在實務上我曾處理過客戶抱怨年輕員工不禮貌的案例，當我與這位年輕同事溝通時，他的回應是：「我並不覺得我這樣是不禮貌的，因為我對老師、對父母、對朋友都是這樣說話，並不是針對客人。」

有些主管可能會聽了更生氣，覺得當事人不認錯；但如果主管有換位思考的能力，就會試著從對方的角度思考解方。我給他的建議是：「沒錯，你只是用平常的說話方式，也沒有惡意，但無論如何，現在你代表的是美國運通與客戶溝通，或許可以調整一下工作時說話的方式？如果需要有人指導，我可以請某某人幫你。」

只要換個角度，其實工作上的轉變對Z世代員工來說並不難，在經過指導後他們能快速切換工作模式與私人模式——「工作上我會用專業的溝通方式，私底下我還是我自己」，這是很健康的平衡。

當然有時候世代差異還是會造成價值觀的不同，也曾經有Z世代的員工質疑，認為當某些客戶要求不合理時，為什麼我們還是要去執行？作為管理者我會解釋：「我們從事服務業，客戶願意支付高額費用，正是期待我們能提供他們在其他地方得不到的服務。」當然，雖然比例不高，仍會有同事無法理解選擇離職。

碰到這種情況，很多老闆會直接給「年輕人做不久」的結論，但我通常會給予離職同事祝福，因為從過往的經驗來看，我特別喜歡那些「回娘家」的員工，也就是他們曾離開公司，在外面歷練一段時間後，又選擇回到美國運通。

這些員工或許因為各種原因選擇回歸，但都是比較之後認為公司較好才會回來，根據經驗，他們在回歸後通常會成為組織裡「穩定的力量」，當有同事開始抱怨時，他們會以過來人的經驗告訴其他同事：「你不知道，跟其他公司相比我們公司很不錯」，無形中為主管分憂解難。

如同許多主管喜歡要同事「換位思考」，其實在面對不同世代工作者時，主管本身也要反思自己是否有換位思考，其中就存在著你與Z世代之間的溝通鑰匙。

㉓不想升官怎麼辦？創造組織中穩定的力量

許多主管都曾遇到這樣的難題：一些非常優秀的員工，明明看似有能力擔負更高的管理職位，卻不願意「升官」。面對這種情況，許多主管心中難免會有不滿：「明明你這麼優秀，值得被提拔，為什麼沒有企圖心？沒有動力想要承擔更大的責任，與公司一起前進、一起成長？」

當主管說出這些心理的ＯＳ時，恐怕已不知不覺成為「被員工討厭的老闆」，根據我過往經驗，大約只有兩成的員工積極願意承擔責任，有潛力被提拔為中高階主管；高達八成的員工更願意留在基層工作崗位，我們又如何能奢求每一位員工都想當主管？

現在有許多員工抱持著「我命由我不由天」的想法，認為職涯發展應該由自己決定，而不是被組織或他人的期待所綁架，但這不是壞事，每個組織結構都如同金字塔，尤其是服務業需要大量第一線工作人員，而穩定是一切的根本，若服務品質無法保持一致，客戶今天體驗良好，明天卻極差，對服務業而言是不可容忍的瑕疵。組織若只有上層結構穩定，中下層不穩，無論如何都不會是戰力強大的組織，甚至無法長久存活。

在實務中，我會試著讓不想升官的優秀員工，既能幫忙分擔部分主管責任，同時為年輕員工樹立榜樣，讓「資深員工」成為「家有一老，如有一寶」的穩定力量。

我想分享兩個真實的案例：Maggie 是我們非常資深的員工，她在部門草創時就加入了，一直在第一線為客戶服務，她在專業上表現出色，我曾多次詢問是否願意升任主管，但她考慮到家庭因素，加上喜歡目前的工作，選擇留在原職位。

「老闆，我很滿意現在的工作，我不會管人，請不要硬讓我去當主管。」Maggie 常這樣跟我說。多年來我也不死心地曾嘗試給她一些主管級任務，或請她擔任「票務小老師」，為年輕同仁做教育訓練，但效果並不理想；畢竟很會做不代表很會教，專業技能特別強的人，在教導他人時反而缺乏耐心。

我也是在經過長期磨合後，才找到她在組織中的獨特價值。首先，在處理極其複雜、困難的機票與行程規劃上，她憑藉二十多年經驗，能迅速解決新人需花費數小時才能處理的問題。我不再要求她當「小老師」，而是請她做「幫手」，當同事遇到疑難雜症時，可以向她請教或請她協助處理。

Maggie 的專業能力很強，可以自己一人搞定一整個集團員工旅遊的機票與行程，當年輕同事看到 Maggie 只用三分鐘解決他們三小時都搞不定的問題時，無不驚嘆這位「前朝元老」的專業能力。如此一來年輕同事碰到問題有後援，Maggie 也從中獲得工作以外的成就感，團體的效率也因此提高，徹底發揮資深同仁在組織內的價值。

第二個案例是 Alice，同樣有二十多年資歷的資深員工，Alice 多次獲得美國運通年度優秀員工獎，她多次代表台灣與全球各地的優秀員工一起接受表彰。除了專業能力外，最令人佩服的是工作熱情，數十年如一日每天接聽大量電話，但她沒有職業倦怠，工作績效始終優異，更難得的是她總是帶著笑容保持服務熱情。年輕員工看到 Alice 工作這麼久還如此正向積極，無不感到敬佩。

對年輕同事來說，Maggie 與 Alice 一樣都代表著組織中的穩定力量。她們向所有人證明：職業發展不是只有往主管之路邁進一種選擇而已，只要盡心盡力，同樣能在職場中獲得成就感，達到工作與生活的平衡。

作為主管，我們不能只表彰成功者的「倖存者偏差」，也就是那些特定的、異常成功的樣本。如果只將焦點放在這些案例上，普通員工難以產生共鳴，因為他們想要的與管理層想給的可能大相徑庭：員工可能渴望的是工作與生活平衡，而管理層期望的卻是能為公司拚命賺錢的「狼性文化」。這種基本期望的不匹配，往往導致溝通障礙。

企業的生命越長，就會有橫跨更多世代的員工共事，讓資深員工為年輕員工樹立他們內心嚮往的榜樣，有助於創造出能跨世代協作共贏的組織文化。

㉔ 業師：孕育卓越團隊的隱形力量

我常被問到，美國運通到底是一家什麼樣的企業？它有什麼獨特的秘方，能夠在商場上屹立不搖百餘年？更重要的是，為什麼我甘願在這家公司服務近四十年？這些問題的答案，其實都跟美國運通的企業文化有關。

我認為美國運通做到了兩件其他企業很難做到的事情，第一是真正地尊重員工，很多公司都把「以人為本」掛在嘴邊，但美國運通長期落實且讓所有員工有感。第二是它給予員工極大的發揮空間，願意讓員工嘗試各種可能性，承擔合理的風險。

在我的職業生涯中，外界所看到我在管理或行銷上的表現，其實都源自於企業文化鼓勵，讓我能夠嘗試創新的想法。即使內部主管有所顧慮，只要我願意當責，我的上司都會全力支持，提供我所需的一切資源來完成目標。

這正是美國運通能夠在全球各地市場取得成功的關鍵。任何跨國企業，從位於總部高層到世界各地的基層員工，都有著極大的距離，唯有企業文化可以超脫僵硬的典範規章，像是許多跨國企業都有所謂的 mission statement（使命宣言），用意是透過簡單易懂的核心價值，降低管理的複雜度，讓各地的員工「同步」。

對於規模與組織沒有那麼龐大的單位，我多年使用一個方法來與員工「同步」，無論你是小部門主管還是企業領導者都能嘗試，在組織中建立「業師」制度。

在企業中，除了主管外員工也可以尋找其他的「業師」，在美國運通服務期間，我會刻意尋找公司內不同部門的主管，主動詢問：「以後有問題，我是否可以請教你？」獲得很多來自不同部門主管的寶貴建議。

我會先整理自己想問業師的問題，從我面臨的挑戰反思可能的解決方案，明確提出我希望業師從哪些角度給予建議。**我會在與業師會面前一天，將所有問題**

通過電子郵件發送給對方，這不僅是對業師的尊重，也能讓討論更加聚焦，而非流於泛泛而談。

想在組織中建立 mentor（業師）與 mentee（學徒）的關係，我建議不要僅限於讓兩人閒聊。聊天過於抽象，對工作未必有實質幫助。最好是讓 mentee 提前準備好問題，給業師充分時間做準備。

在我帶領美國運通部門時，我也要求我的主管們尋找除了我以外的業師。因為業師關係不是職場上直接的上下級關係，而是跳脫了這種層級，沒有直接的利益衝突，因此能夠從第三方的角度提供更多客觀建議。

值得一提的是，業師並不僅限於與你工作直接相關的領域專家，不一定要與你的專業有關，有時更能夠幫助你跳脫工作框架，從更廣闊的視角思考問題。如果你真心想在職場上不斷晉升，就應該培養尋找多位來自不同領域的業師的習慣。

當你在職場上爬得越高，就越難聽到真話，也少有人給你實質的建議，最終都要靠自己下決定，但你的業師仍能從客觀的第三者角度，以旁觀者的身份為你提供寶貴見解。這對於有心成為優秀主管的人來說，是一項值得長期堅持的實踐。

感性獲利

逆轉缺工困境，服務大師的機智領導學

作者	吳伯良、陳進東
文字	韓嵩齡
主編	莊樹穎
執行編輯	周國渝
封面設計	Bianco Tsai
內頁設計	周昀叡
行銷企劃	洪于茹
出版者	寫樂文化有限公司
創辦人	韓嵩齡、詹仁雄
發行人兼總編輯	韓嵩齡
發行業務	蕭星貞
發行地址	106 台北市大安區光復南路202號10樓之5
電話	(02) 6617-5759
傳真	(02) 2772-2651
讀者服務信箱	soulerbook@gmail.com
總經銷	時報文化出版企業股份有限公司
公司地址	台北市和平西路三段240號5樓
電話	(02) 2306-6600

第一版第一刷 2025年8月31日

ISBN 978-626-99900-0-9

國家圖書館出版品預行編目（CIP）資料

感性獲利：逆轉缺工困境，服務大師的機智領導學 / 吳伯良，陳進東著｜第一版｜臺北市｜寫樂文化有限公司｜ 2025.08 ｜面｜公分 --
（我的檔案夾；80）
ISBN 978-626-99900-0-9（平裝）

1.CST: 領導者 2.CST: 組織管理 3.CST: 團隊精神 4.CST: 人事管理

494.2 114009441